李娟娟◎著

性格心理揭秘

超精准的 33 堂性格分析课

The mystery of
personality psychology

台海出版社

图书在版编目（CIP）数据

性格心理揭秘：超精准的 33 堂性格分析课 / 李娟娟
著 . -- 北京：台海出版社，2023.10
ISBN 978-7-5168-3667-5

Ⅰ . ①性… Ⅱ . ①李… Ⅲ . ①个性心理学—通俗读物
Ⅳ . ① B848-49

中国国家版本馆 CIP 数据核字（2023）第 182937 号

性格心理揭秘：超精准的 33 堂性格分析课

著　　者：李娟娟

出 版 人：蔡　旭　　　　　　　　　封面设计：异一设计
责任编辑：赵旭雯

出版发行：台海出版社
地　　址：北京市东城区景山东街 20 号　　邮政编码：100009
电　　话：010-64041652（发行，邮购）
传　　真：010-84045799（总编室）
网　　址：www.taimeng.org.cn/thcbs/default.htm
E-m a i l：thcbs@126.com

经　　销：全国各地新华书店
印　　刷：三河市嘉科万达彩色印刷有限公司
本书如有破损、缺页、装订错误，请与本社联系调换

开　　本：710 毫米 ×1000 毫米　　1/16
字　　数：163 千字　　　　　　　印　　张：13.25
版　　次：2023 年 10 月第 1 版　　印　　次：2023 年 10 月第 1 次印刷
书　　号：ISBN 978-7-5168-3667-5

定　　价：49.80 元

前　言

安全感和自卑心理如何塑造着我们的性格？

我们大脑中的不同部位和微量分泌物如何影响着我们的性格？

父母在孩子的性格中打下了怎样的烙印？

性格内向是一个贬义词吗？内向性格的人如何发现自身的优势？

自恋心理在我们的生活中扮演着怎样的角色？

如何摆脱内心焦虑和过度依赖？

怎样才能拥有责任感、亲和力和稳定的情绪？

带着这些问题，本书作者继《性格心理学》之后，经过长时间的深入思考，创作了本书，继续发掘性格的奥秘，探索提升幸福感的幽径。出现在本书中的案例有影视人物，也有生活中的普通人，他们的故事或跌宕起伏，或真实亲切，就像一面镜子，或多或少地照出我们自己的影子。在这些故事的引导下，我们不知不觉地走进"性格"这座神秘殿堂的不同区域之中，跟随作者的笔触去一探性格的奥秘。

性格让我们成为一个独一无二的人。探索性格就是探索自我，探索自己内心的光明与阴影，发现自身的优势与劣势。这种探索的意义就在于更深入、更充分地了解自我，提升生活质量，享受我们宝贵的、唯一的生命。性格是稳定的，也是可塑的，而生命每天都在流逝，让我们行动起来，认识自己的个性，把握自己的命运吧！

目　录

第一章

心灵上的排毒——安全感与性格

没有安全感的无脚鸟

　　"这个世界上有一种鸟是没有脚的，它只能一直飞啊飞啊，飞累了就在风里睡觉。这种鸟一辈子只能落地一次，那就是它死的时候。"这是电影《阿飞正传》中旭仔经常念叨的一句话，因为他觉得自己就是无脚鸟，迷惘而胆怯，不知道自己的灵魂归属何处，只能一直飞啊飞，不停地盲目追寻，直到死亡。

　　旭仔将自己的迷茫与胆怯隐藏在倔强和放荡不羁的面具之后。他是个情场浪子，能轻易蛊惑一个女人，但没有任何一个女人能留住他。他就像自己口中的无脚鸟，不会留下任何痕迹，让人无法追寻。

　　体育会的售票员苏丽珍是个性格隐忍内敛的姑娘，在刚认识旭仔时，她充满了顾虑和担忧，不肯接受旭仔的追求。后来苏丽珍爱上了旭仔，并与旭仔建立了恋爱关系。苏丽珍的恋爱观十分传统，她渴望与爱人维持长久稳定的关系，希望婚姻能为这段恋爱关系提供保障，于是她拐弯抹角地向旭仔提出了结婚。但旭仔不想结婚，于是苏丽珍只能遗憾离开，旭仔见此也主动远离了苏丽珍。

　　在一个雨夜，苏丽珍突然出现在旭仔面前，她说："不结婚不重要，我只想跟你在一起。"对于苏丽珍来说，她说出这句话鼓足了很大的勇气，但旭仔并不愿意再续前缘。

　　多年以后，苏丽珍依旧记得旭仔，记得旭仔在追求她时说的一句话：

"1960 年 4 月 16 日下午 3 点之前的一分钟你和我在一起，因为你我会记住这一分钟。从现在开始我们就是一分钟的朋友，这是事实，你改变不了，因为已经过去了。"旭仔凭借这一分钟的无赖和执着打动了苏丽珍，从而进入苏丽珍的情感和人生中，苏丽珍一直对这一分钟的回忆念念不忘："他有没有因为我而记得那一分钟我不知道，但我却一直记着这个人。"当苏丽珍回忆起旭仔的时候，她的脸上不自觉地露出了微笑，虽然她也会为这段感情而伤感，想要忘记旭仔，却又不得不承认："那个时候，我觉得好好听啊。"

旭仔和苏丽珍分手之后，很快和舞女咪咪建立了恋爱关系。咪咪与苏丽珍是完全不同的两个女人，咪咪美丽、大胆，但旭仔似乎并没有真心投入这段感情中。像旭仔这样的浪子，对女人有着致命的吸引力，就连不乏追求者的咪咪也轻易被他俘获。但对于旭仔来说，女人只是他暂时填补内心空虚的消耗品，每个女人只能让他获得短暂的心理安慰，如同他对阿潮说的："我也不知道我这一生到底会喜欢多少个女人，不到最后我也不知道最喜欢谁。"

旭仔的空虚和痛苦来源于他没有归属感、没有精神依托，他是个没有"根"的人。这与旭仔的童年经历密不可分，他从小被一个"交际花"母亲养大，从未从母亲那里感受到母爱。

当旭仔得知自己并非母亲所生时，他忽然觉得自己找到了人生空虚、痛苦的原因，寻找生母成了旭仔新的希望。他一直在追问生母的下落，但养母却始终不肯告诉她，她恨恨地对旭仔说："我告诉你，你就去找她，我得到些什么？什么也没有，你也不会记得我。我就要你恨我，这样你就不会忘记我。"

其实，旭仔深爱着养母，不允许任何人欺负她，一旦发现有男人欺骗了养母，旭仔就会对那个男人大打出手。旭仔虽然对寻找自己的生母锲而不舍，但实际上他十分依赖养母，害怕养母离开自己，所以当他得知养母要和一个有钱的男人移民美国时，旭仔立刻进行了制止。

后来养母实在无法忍受旭仔的追问，告诉了旭仔他生母的下落，并对他说："你这几年来一直放纵自己，把责任推到我身上，你要报复嘛。好，我现在告诉你，你亲娘是谁，我受够了，你以前做人总是用这个借口，你以后再不可以用这个借口了。你想飞呀？好，你飞呀！你要飞就飞远一点，你不要有一天让我晓得，你一直在自欺欺人。"

为了寻找生母，旭仔跟咪咪不辞而别，来到了菲律宾。在四处打听后，旭仔来到了生母的住处。

原来，旭仔的生母是一个有着贵族血统的菲律宾人，她的家族不允许旭仔这样的私生子存在，所以他一出生，就被他的生母遗弃了。他的生母把他交给了他现在的养母抚养，并每月付给旭仔的养母 50 美金的抚养费。这笔钱在当时不是一笔小数目，对于一个生活在社会底层的"交际花"来说，这笔钱给她的生活提供了保障，所以她毫不犹豫地收养了旭仔。

所以当旭仔找来时，他的生母并不肯与他相认。旭仔虽然很失望，但并没有纠缠下去："当我转身离开的时候，我知道在我身后有一双眼睛在看着我。但我是不会回头的，我只不过是想看一下她，看看她的样子。既然她不给我这个机会，那我也不会给她这个机会。"

无法与生母相认的旭仔只能继续做"无脚鸟"，一直在飞，一直不停地流浪，无法停留。后来漫无目的的旭仔确立了一个新的人生目标——去美国，因为他的养母就在美国。虽然当旭仔得知自己是被人遗弃的时候，他与养母之间的关系一度变得十分紧张，两人经常发生冲突，但养母告诉他生母的下落后，两人之间建立了一点儿信任，所以当旭仔被生母拒绝后，他就产生了去美国找养母的念头，尽管他与养母之间的情感联系也十分脆弱。可去美国这件事对旭仔来说也十分困难，他没有身份证，不能办理护照，这意味着他无法去美国。

最终，旭仔与黑社会的人发生冲突后身负重伤而亡。临死前，旭仔又一次想起了那个"无脚鸟"的故事。

安全感是心理学中一个重要的概念，最早出现在弗洛伊德精神分析的理论中。安全感是一种内在精神需求，每个人都有渴望稳定、安全的心理需求，一个人如果没有安全感，就会因恐惧而对周遭充满警惕，无法与他人建立起正常的亲密关系，从而产生一种无力感，生活在焦虑、空虚之中。

依恋关系对一个人的安全感具有决定性的影响。我们每个人最初的依恋对象都是自己的养育者，通常就是我们的父母。与父母建立安全的依恋关系是我们一生的预演，如果一个人无法与父母进行良好的互动，那么他在长大成人后就会因缺失安全感而无法与他人建立稳定的关系。

母亲是第一个照顾我们的人，每个人最初都是先与母亲进行互动。对于婴儿来说，母亲如果能满足他的需求，他就会觉得自己是安全的，这对他以后的成长十分重要，正如弗洛伊德所说："我发现，那些认为自己被母亲喜欢或偏爱的人，在生活中总会表现得很自信、乐观，常常显得很英勇，总能获得真正的成功。"

如果母亲对婴儿的需求不敏感，婴儿无法及时获得母亲的安慰，例如母亲对婴儿的哭声无动于衷，而是等婴儿哭累后自动安静下来，那么婴儿就会因需求得不到满足而产生恐惧，觉得周遭是不安全的。他会产生一种回到母亲子宫的冲动，因为那里最安全。成长对于每个人来说都是不可避免的，因此这种趋势会和回到子宫的冲动形成心理冲突。随着年龄的增长，他会因缺乏安全感而产生各种各样的心理问题，例如焦虑、抑郁、空虚，有的人会像旭仔一样选择流浪。

旭仔无法安定下来，因为他是一只"无脚鸟"，他不懂得如何与他人建立亲密、稳定的关系。当苏丽珍提出结婚时，旭仔本能地想要逃避，这是缺乏安全感的表现。他的不安全感来自他在与养母的相处中感到世界是不安全的，情感带有不确定性，他必须得逃离。

旭仔从出生起就被生母遗弃，养母虽然将他抚养长大，但他却并未从养母那里获得母爱，养母会抚养旭仔，也是出于自己的生存所需，并没有给旭仔足够的关心和照顾，因此旭仔也无法与养母形成安全的依恋关系。当旭仔得知自己并非养母亲生时，他开始想尽办法打听生母的下落，因为他想和生母建立正常的情感联结，希望真正得到母亲的关爱。

旭仔的养母起初执意不肯告诉旭仔他生母的下落，因为与旭仔一样，养母也是一个没有安全感的人，她也很怕旭仔离开自己。她生活在社会底层，如果不是收养旭仔，连基本的生活保障都没有，没有人爱她，她的情感也是不安全的，所以她执意将旭仔拴在自己身边。

一个没有安全感的女人将旭仔养育长大，他们之间的母子关系充满了不确定性，她不信任旭仔，担心旭仔会抛弃她投奔生母，而旭仔由于从未获得过养母足够的关心和照顾，也不信任养母。这导致旭仔在与其他女人相处时也带着不信任，他无法与一个女人建立一段稳定的关系，所以当苏丽珍提出结婚的时候，旭仔变得非常恐惧，并主动切断了与苏丽珍的联系。

婴儿对母亲的依恋就像一根无形的脐带，婴儿需要通过这根脐带汲取自己成长的情感养分。婴儿总是试图与母亲保持接触，否则他就会焦虑、烦躁，而与母亲建立安全依恋关系的婴儿，在与母亲待在一起时会感到更加放松、快乐。

母婴之间的依恋关系通常在 3 岁以前就建立起来了，婴儿会通过与母亲的互动形成自己的情绪、情感模式。也就是说，母婴依恋关系会对一个人的性格特征以及人际关系模式产生决定性的影响。一个人的安全感也取决于 3 岁之前的依恋关系，他的性格从 3 岁起就已经定型。如果一个人与母亲建立了安全的依恋关系，那么他就更容易形成健康的性格，帮助他建立良好的人际关系，并建立一段亲密、融洽的情感关系，因为他对世界充满了信任；相反，他就会被挥之不去的不安全感所困扰，无法做到信任对方。

厌恶、蔑视自己的人

丽丽是一个美丽的女人，她在和男友阿伟订婚之后，就开始备孕。因为她的身体一直不是很好，怕怀孕困难，她为了保证卵子的健康，冷冻了 3 颗卵子。因冷冻卵子，她的荷尔蒙出现了紊乱，导致她的体重一下子暴涨了 9 公斤。丽丽只能想办法减肥，她并不喜爱运动，却不得不去健身减肥。

丽丽对待每段感情都拿出了飞蛾扑火般奋不顾身的勇气。她曾被前男友拍私照威胁，后来照片泄露，她成了身边人口中私德败坏的女人，受到大家的谴责甚至是谩骂。但对此，丽丽仍说："我还是不想失去他。我觉得很抱歉，这是我犯下的错误，我不应该拍那些照片，我当时太天真了。"

在照片泄露之后，丽丽的婚姻成了一大难题，她开始愁嫁，后来她甚至说："无论是谁，只要肯娶我就好。"

丽丽是一个低自尊的自我厌恶型的人，她无法肯定自我价值，从来意识不到自己的优势和美貌，所以她在每段感情中都会把自己放在绝对弱势的地位上，将所有问题的责任都揽在自己身上。她对待每段感情都会奋不顾身，将自己贬低到尘埃里，会顺从爱人的所有要求，即使爱人提出的要求很过分。

丽丽之所以会形成自我厌恶的性格，与她的童年经历密不可分，她有一个颠沛流离的童年。

丽丽 1 岁时，她的父亲就去世了，当时丽丽的母亲只有 19 岁，为了赚钱根本无法照顾丽丽，只能将丽丽放到幼儿园里。由于母亲频繁更换工作，丽丽也只能跟随母亲奔波，在幼儿园时期就换了六七所学校，这导致她根本来不及适应新的环境。后来母亲选择了改嫁，无法带着丽丽开始新的家庭生活，从那以后丽丽就开始在各个亲戚家里轮流寄宿。居无定所的生活导致丽丽十分缺乏安全感，她幼小的心灵没有一个温馨的港湾来寄托。

寄人篱下的生活并不好过，丽丽从未从亲戚那里获得过关心，有的亲戚甚至会体罚丽丽，当丽丽将此事告诉母亲时，母亲却不相信，其实就算母亲相信了，她也无力改变现状，她只能希望丽丽快快长大，早早摆脱寄人篱下的生活。渐渐地，丽丽意识到自己必须忍气吞声地生活，她开始变得内向起来，不轻易表达自己的要求和感受，因为她觉得即使自己说出来了也没人相信和在乎，既然如此，还不如都藏在心里。

像丽丽这样"吃百家饭"长大的孩子，通常会形成两种完全不同的性格。一种性格是八面玲珑，十分懂得看人的脸色，在人际交往中如鱼得水；另一种就是像丽丽这样，在不知不觉中给自己的心上了锁，将自己的内心封闭起来，不愿意也不善于与人交往，不会轻易敞开心扉。丽丽也知道，自己过于内向了，同时性格也十分慢热，她对工作中的人际交往总是觉得很不适应。她自己也说过："我是一个没有自信的人。"

对于女孩来说，父亲是她接触到的第一位异性，与父亲的相处模式会直接影响她的择偶观。通常来说，女孩在择偶时会将父亲作为一个标杆。由于父亲的早逝，丽丽的人生中没有这样的标杆，因此她与其他男性建立感情的能力是缺失的，再加上丽丽很难认同自己，急需他人的认同，所以她在一段感情中才会不断做出让步和妥协，甚至会轻易答应前男友拍摄私密照片的要求，即使她心里根本不情愿。

在照片泄露事件发生后，丽丽受到了十分严重的伤害，她的内心变得更加封闭，却又更加渴望温暖，她迫切希望有一个男人能出现在自己的生活中，融化自己内心的冰封，所以丽丽才会那么愁嫁又恨嫁，陷入矛盾当中，因结婚感到焦虑和恐惧。

自我厌恶，也被称为自我憎恨，具体是指一个人无法肯定自我价值，总觉得自己在各个方面都不好，也会觉得自己不配拥有好的东西和关系。通常情况下，自我厌恶的人会责备、蔑视自己，对自己感到不满，即使在他人说服或有实质性的客观证据证明自我价值的情况下，自我厌恶的人也看不到自己的价值，片面地认定自己不好，从而感到活着很痛苦。

对于自我厌恶的人来说，他会认为自己不值得被爱，所以在与人相处的过程中，会主动将发生的所有错误都揽在自己身上，因为他觉得对方是对的，对方比自己值得被爱。例如在照片泄露事件过后，丽丽将所有的错误都揽在自己身上，她觉得自己根本不应该拍私密照，如果自己不拍，就不会发生后来的一系列事情，而忽略了她自己其实是个受害者。

人是一种总会拿自己与他人进行比较的动物，因为人是一种社会性动物，这种比较可以使一个人迅速在一个群体中找到属于自己的位置。自我厌恶的人也会和别人进行比较，不过由于他厌恶、蔑视自己，在这个比较的过程中他会觉得自己不如对方，从而陷入低自尊、自卑、痛苦的情绪之中。

每个人都有厌恶的心理，但与自我厌恶的人不同，人们的厌恶心理通常指向外界。例如在夫妻离婚时，人们通常会将导致婚姻失败的责任推卸到对方身上，觉得都是对方的问题，从而厌恶对方。这会使一个人变得主观、片面，无法认清客观事实，意识不到自己身上的缺点，但同时也可以使一个人保持自信，避免陷入自我厌恶之中，毕竟自我厌恶是一种非常痛苦的心理。

除了像丽丽这样颠沛流离的成长经历外，一个在缺乏满足感的家庭中成长起来的人也很容易变得自我厌恶，他的父母通常十分严苛，总是苛责孩子的言行，经常批评孩子，从而使孩子陷入自我厌恶之中。孩子由于年龄很小，无法将父母的批评与自我指责区分开来，会在父母的苛责中形成"我什么都不好"的感知和思维方式。为了迎合父母，他会主动指责自己、主动认错，渐渐开始对自我感到不满和厌恶。

害怕别人不喜欢自己

小刘是某外企的一名讲师，一直被人际交往障碍所困扰，她害怕与人相处，又渴望与同事们保持融洽的关系。她在与人相处时总是小心翼翼，特别敏感，一旦对方稍稍表情不对，小刘就会担心是不是自己做错了什么，惹对方生气了。在和同事们聊天时，小刘总是感觉心慌、不自然。在面对领导时，小刘更觉得害怕。遇到开会发言，小刘则是能躲就躲。

但为了能和每个人都保持良好的关系，得到每个人的喜爱，小刘会努力表现得热情大方，比如主动和同事聊天、帮同事做事，借此得到大家的好感。但内心深处，小刘却总担心自己搞砸什么，遭到大家的嫌弃和厌恶，还总是担心自己会被大家排挤，十分在意别人对自己的看法，并常常陷入严重的自我怀疑之中。

作为一名讲师，小刘可以在课堂上侃侃而谈，但在人际交往中却总是手忙脚乱、焦虑不已。她的这种心理不仅影响了她与同事的相处，也影响了她与丈夫、儿子的相处，她经常忍不住向老公或儿子发火，冷静下来后又会觉得后悔。一天，小刘 9 岁的儿子对她说："妈妈，你知道我觉得最幸福的事情是什么吗？"小刘问他："妈妈不知道，但妈妈很想知道，是什么呢？"儿子说："每当我调皮犯错时，你都会逼我认错，我认了错你就原谅我。"儿子的这句话刺痛了小刘，小刘开始反思自己对待儿子是不是太严厉了，总是在逼他认错。

小刘意识到自己是个内心封闭的人，自卑而孤傲，总是过分敏感，从小到大都特别在意别人的看法，特别担心别人讨厌自己，说话前总要反复掂量。小刘觉得自己这种害怕被人讨厌的心理与自己的童年经历密不可分，她甚至觉得导致自己人际关系紧张的原因就是自己不快乐的童年。

小刘是家里最小的女儿，在生活上得到了父母足够的照顾，却并未从父母那里感受到足够的关爱。她的父母非常刻板，从记事以来，父母就对小刘特别严格，经常责骂和教训小刘。父母以及哥哥姐姐，经常对小刘说："家里就数你最笨，一点长进也没有。"

有时候，小刘会想自己为什么总是无法得到父母的肯定呢？每当她犯错时，父母就会严厉批评她，可当她做好一件事情时，她却也无法获得父母的肯定。读书后，小刘的学习成绩很优秀，再加上她乖巧听话，因此她总能得到亲戚朋友的夸奖，却从未获得过父母的夸奖。有一次，小刘考了第一名，她本以为这次自己会被父母夸奖，可父母还是朝她泼冷水，说这是侥幸而已，让她别骄傲。当小刘忍不住质问父母时，父母只说因为她并没有做到最好，所以不能夸奖她，以免她骄傲。

渐渐地，小刘养成了争强好胜的性格，她一直暗自较劲，一定要比父母、哥哥姐姐能干、有出息。小刘的努力有了回报，她在读书时学习成绩不错，上班后工作能力也得到了他人的认可，但小刘却不会处理人际关系，甚至有社交障碍，总害怕被人讨厌，努力地讨好别人。她的内心始终是自卑而敏感的。有时候，小刘也会埋怨父母，她觉得父母虽然给了她身体和生活上的照顾，却并没有给过她精神上的关心。同时小刘又会觉得愧疚，她知道父母已经为自己付出了很多，自己不应该责怪父母，她只能责怪自己，责怪自己性格不好，情绪经常陷入抑郁之中，想要改变却不知该怎么做。

　　每个人都渴望得到他人的喜欢，因此讨好对方变成了一种比较常见的人际交往方式，例如通过讨好的方式获得父母或恋人的喜欢，这种讨好的心理是可以理解的。但有的人会去讨好任何人，害怕被人讨厌，甚至去讨好自己并不喜欢的人。一个人会养成讨好的性格，通常与他的童年经历密切相关，就像小刘一样，因为没有从父母那里感受到足够的关爱，因此养成了讨好型的人际相处模式。

　　如果一个人讨好别人已经到了牺牲自己需求的地步，那么就说明他有着十分强烈的"情感饥饿"，不过他一般不会意识到自己的"情感饥饿"，甚至不会意识到自己没有从父母那里感受到足够的关爱。在上述案例中，小刘显然意识到了自己性格上的缺陷，她为此痛苦、抑郁，同时她也在思考自己为什么会用讨好的方式来与同事们相处，这与自己父母严厉的教育方式密切相关。虽然小刘不知道自己该如何做出改变，但她已经迈出了一大步，已经能够意识到自己的心理需求，知道自己讨好他人只不过是在获得补偿性满足，而这并不能真正让她获得心理上的满足。

　　在童年时期，所有的孩子都渴望能向父母撒娇，能得到父母足够的关爱和注意，渴望能与父母建立亲密的关系。但并不是所有孩子的这种情感需求都会得到满足，例如小刘就从未获得过父母的支持和肯定，不论她表现如何，在父母那里获得的反馈只有一个——否定。

　　总是被父母否定的孩子，由于无法与父母保持亲密的关系，会感到紧张和焦虑，为了引起父母的注意，获得父母的喜爱，儿童会努力按照父母的期望去做，例如乖乖听话，努力学习。随着年龄的增长，他们会将这种讨好父母的相处模式延伸到其他人身上，通过讨好的方式得到他人的好感，从而使自己获得满足。

　　与许多动物不同，人的头部过大，为了顺利分娩，人在未发育完全时就会出生，否则过大的头部会导致产妇难产甚至死亡。也就是说，每个人在刚出生时都是"半成品"，因此分外脆弱，需要父母的照顾。人从出生到长大成人都需要仰赖父母而生存，所以儿童才会如此渴望父母的爱，害怕被父母讨厌。一个得不到父母关爱的儿童，会时刻生活在被讨厌的恐惧之中。为了消除这种恐惧，儿童会努力讨好父母，从而得到父母的喜爱，这是他保护自己的方式。久而久之，他就会形成讨好的相处模式，他牺牲自己的需求去讨好别人，就因为他不确定对方会爱自己，无法相信如果自己不讨好对方，对方也会愿意对自己付出爱。在一段健康的关系中，双方相互尊重是必须的，谁也不需要牺牲自己的需求来讨好对方。

一个人如果在童年时期没有得到足够的爱，长大后也不会有安全感，他在与人相处的过程中不会觉得心安，哪怕这个人与他的关系十分亲密。如果你意识到自己总在讨好周围的人，害怕得不到周围人的认可，甚至会为了讨好对方牺牲自己的需求，并且觉得很痛苦，那么你就要重视自己性格中的缺陷了，意识到自己之所以会如此是因为童年时期缺乏关爱。

如果你能将害怕被人讨厌与缺乏关爱两者联系起来，你就会认识到自己害怕被人讨厌，只不过是自己的心理问题，是自己太过在意别人的看法了。所以在摆脱这种恐惧心理的时候，你只要告诉自己这是一种错误的相处方式就可以了。

另外，你还要有一个十分重要的观念，即相信自己是值得被爱的，不用刻意讨好他人，你也会得到他人的尊重和爱。

迎合别人，抹杀自我

　　小王独自一人在海外读大学，她从小学习成绩就非常优异，周围的同学、朋友都很羡慕小王，但这些人的羡慕并没有让小王感到自信和开心，反而让她被一种无力感所笼罩。对于小王来说，优异的学习成绩只是自己讨好家人，让家人感到开心的资本或者说手段。实际上每逢考试，小王都会十分紧张，唯恐自己考试失利，导致自己失去讨好家人的资本，失去父母、亲戚、朋友的支持。

　　在考大学的时候，小王的父母觉得自己的女儿很优秀，一定能考上好的学校，但结果却不尽如人意。这段经历给小王留下了很深的印象，她甚至觉得自己并不优秀，自己优秀的表现只是一场幻影而已。现在小王面临着博士学位申请，想到当初自己报考大学时的经历，小王非常害怕同样的事情会重演。幸运的是，小王抓住了机会，在导师的指导下，成功获得了到海外读博的机会，这让父母、亲戚、朋友都很开心。

　　现如今，小王在人际交往上遇到了困难。父母和亲戚、朋友总说小王不懂得人情世故，读书读得不错，却不会做人。父母经常对她说："你不要常常板着一张脸，你要多笑一笑别人才会喜欢你。你要主动表达自己的观点，这样别人才会注意到你。还有，你总爱耍小孩子脾气，在家里父母可以包容你，到了外面没有人愿意忍受你的小孩子脾气。你现在应该多注意一下自己的外表，不要像以前那样，要学会多打扮自己。"每当父母这样提醒小王时，小王都会觉得烦闷，她也知道这些都是善意的提醒，却总会不由自主地去想："难道是我不够好、不够优秀吗？所以才没有人喜欢我吗？"

后来小王接触到了一些患有抑郁症的朋友，在与他们相处的过程中，小王感到了更强烈的无力感。起初，小王会尽自己所能去帮助、照顾这些朋友，但渐渐地，小王发现自己的帮助毫无作用，只是一种形式，不会对结果产生任何改变，她无法改善朋友们的抑郁症状，也无法缓解他们的抑郁情绪。每当这时，小王就会觉得无能为力，并陷入巨大的绝望之中。

娜娜是小王一个很要好的朋友，患有抑郁症。小王为了帮助娜娜，倾尽了自己的时间、精力、金钱。娜娜每当在凌晨觉得抑郁、痛苦时，都会给小王打电话，小王就会赶到她身边，陪她聊天，直到娜娜有了困意。这时，小王就会带着疲倦和负能量离开，开始准备自己第二天的学习，甚至是考试，有时候她要熬到凌晨三四点才能回去睡觉。小王家里的经济条件不是很好，无法经常到外面去吃饭。可每当娜娜提出到外面吃饭时，小王一定会答应，她觉得这样娜娜就会开心。

在与娜娜相处的过程中，小王会将她的需求放在第一位，把自己的需求和感受都放在后面。她唯恐自己的言行会伤害娜娜，每当觉得娜娜的不开心是自己导致的时，她就会非常绝望。

与抑郁症患者的相处是十分痛苦的，娜娜会将她的绝望、悲伤等种种负能量都倒给小王。渐渐地，小王觉得自己受不了了，她不想再接受娜娜的负能量，想要远离她。这时，小王就会觉得愧疚，她觉得自己不应该这样对待娜娜，娜娜是个抑郁症患者，需要自己的帮助和照顾，她不应该放弃娜娜，不应该将自己的需求放在娜娜的需要之上，那样自己就太自私了。小王发现自己根本做不到放任不管。

018 / 性格心理揭秘：超精准的 33 堂性格分析课

如果一个人在童年时期承受了父母的过度期待，那么他就会渐渐将这种期待内化，将父母的期待变成自己的奋斗目标。表面上来看，这样做有利于一个人付出努力、变得优秀，像小王一样，她会通过不断努力满足父母、亲戚和朋友对自己的期望。但事实上，优秀的小王活得很痛苦，她没有自信，反而总是担心自己的优秀形象随时可能因为一次不好的成绩而崩塌。

小王活得非常辛苦，为了取得好成绩，她在学习时不敢有丝毫懈怠，她通过努力获得优秀的成绩并不是为了获得自我满足，而只是为了达到或维持父母、亲戚和朋友对自己的期望，因为小王根本无法忍受他们对自己感到失望。小王自己都没有意识到，她对父母的过度期望充满了愤怒和痛苦，但她不敢向父母发泄自己的愤怒，只能转向内部，将父母的过度期望内化成对自己的要求。所以小王无法忍受自己不优秀，更无法忍受自己出现失误，但这对小王来说太累了，她常常会因此感到无力、绝望。每当这时，小王就会想起父母的善意提醒："你还不够优秀，你应该能做到更好。"于是小王会一边痛苦地努力着，一边无力地绝望着。

在处理人际关系的时候，小王同样不敢有丝毫懈怠，总是小心翼翼地去满足对方，而忘记了自己的需求。小王在潜意识里认为，自己只有做到让对方满意，才能得到对方的爱。在不断压抑自己的过程中，小王不知不觉地形成了谁都不会爱自己的想法，在努力迎合、顺从他人的过程中，小王的自我渐渐被抹杀。

没有人愿意一直压抑、改变自己，一个人在抹杀自我的过程中，会充满了愤怒。如果他意识不到自己的愤怒，将自己的怒火也压抑下去，那么他会因为长时间的压抑自我而感到无力、焦虑，最后陷入抑郁之中。

小王在与娜娜相处的过程中，一直在不断压抑自己的需求，她明明不想出去吃饭，却为了让娜娜开心，顶着经济压力外出吃饭；她在第二天还有考试，却忍受着困倦和压力熬夜陪娜娜聊天，缓解娜娜的抑郁情绪，然后自己复习功课到凌晨三四点，应对第二天的考试。小王在迎合娜娜的过程中，已经开始为难自己、牺牲自己的需求，她也想过放弃，但却被自责所笼罩。虽然小王能从娜娜的开心、赞扬中感到欣喜，觉得自己这样做是值得的，但这种美好的感受只是暂时的，更多的时候小王会感到无力、焦虑。

一个人为了迎合别人而抹杀自我，说明他内心深处对自己是憎恶的，这是从童年起就养成的习惯。在小时候，小王会为了达到父母的期望而迎合父母，因为只有这样小王才觉得自己得到了父母的爱和支持。于是小王渐渐养成了不断满足他人期望和需求的习惯，否则小王就会觉得自己不值得被爱、被支持，甚至会觉得他人会因此而离开自己。长大后，小王习惯性地在人际交往中顺从他人，通过不断满足对方的需求、期望来迎合别人，因为憎恶自己的小王不相信自己是值得被爱的。

小王因迎合他人抹杀自我而感到愤怒，但她又会觉得自己不应该感到愤怒，更不应该去发泄愤怒，从而一边迎合对方，一边体验愤怒。在抹杀自我的过程中，她的心理能量会一点一点被消耗掉，她会因此变得焦虑起来，整个人看起来"硬邦邦"的。所以小王总是板着一张脸、皱着眉头，她几乎不会笑。她的父母提醒她要多笑一笑，这样才有利于与人相处，可小王的心理能量已经在迎合他人的过程中被消耗完了，她的内心压抑着愤怒，怎么可能轻易露出笑容。

当小王忍受不了娜娜对自己的索取时，她想要远离娜娜，但她很快就压抑了这个念头，因为她内心觉得过意不去。娜娜对她来说很重要，她无法承受自己失去娜娜。小王会迎合娜娜，是因为她从心理上依赖娜娜，她通过照顾、迁就和爱娜娜来获得满足感，只有这样她才觉得自己是值得被爱的。

　　一个人在心理上依赖某个人是一种十分常见的现象，但如果为了满足自己对他人的依赖心理而抹杀自我，只会导致心理问题的出现。这时，我们就要想办法摆脱这种依赖。如果你的依赖对象是一个很在乎他人的感受、需求的人，那么你没必要摆脱对他的依赖，因为你不需要抹杀自我去迎合对方。可如果你的依赖对象是一个控制欲很强的人，而且不在意他人的感受、需求，那么你就要想办法摆脱对他的心理依赖，否则你会在长时间的讨好中渐渐抹杀自我，使自己的心理问题变得越来越严重。

　　在人与人相处的过程中，健康的相处方式建立在相互理解的基础上。而对于只会迎合他人的人来说，他既没有做到理解对方，也没有给对方理解自己的机会，只是为了讨好而迎合，通过抹杀自我做出了巨大的牺牲，却并不利于双方的交往。健康的相处模式在于学会倾听对方、理解对方，并且表达出自己的感受和需求。

我们只能为自己负责

小文是一个私生女，小文的父亲是一个家世显赫的男人，但他并不承认小文的存在，也根本没打算抚养这个女儿。于是抚养小文成了母亲阿娟一个人的事情。

阿娟在照顾小文时极为细致，甚至已经到了溺爱的程度。在小文9岁时，阿娟还要抱着她上厕所；小文15岁时，阿娟还要亲自帮她穿衣服。表面上，阿娟好像在无微不至地照顾小文的生活，实际上她在用溺爱的方式控制女儿的人生，好将女儿绑在自己身边。

作为私生女的小文从小就知道，她的父亲是个不负责的男人，抛弃了她们母女。好在缺失父爱的小文有个全力为她付出的母亲，母亲为了照顾女儿牺牲了一切。但是小文并没有从阿娟那里获得母爱，阿娟总是表现得喜怒无常、暴躁易怒，在与阿娟相处的过程中，小文学会了迎合。

小文一直在主动照顾阿娟的情绪，一方面是出于愧疚感，她的母亲为了她付出了很多，她必须得报答母亲，否则她无法原谅自己；另一方面是出于恐惧感，小文从小与阿娟相依为命，阿娟是她唯一的依靠，再加上阿娟经常发火斥责她，这让她产生了一种害怕被母亲抛弃的恐惧。

表面上，阿娟是母亲，她在生活上无微不至地照顾小文；事实上，从心理的角度看，扮演母亲这个角色的人恰恰是小文，她一直在照顾着阿娟的情绪和感受，她才是那个感情的给予者，阿娟并没有给予小文母爱。

阿娟是个单亲妈妈，看起来是因为小文父亲对她的欺骗和抛弃，对她造成了深刻的伤害，让她产生了一些心理问题，如果小文父亲对她不那么无情，她也不会在面对小文时喜怒无常。但事实上，对阿娟产生深远影响的人是她的母亲，阿娟曾经也像她的女儿小文一样，无微不至地照顾着母亲的情绪、情感。

阿娟 1 岁时，她的母亲就和父亲离婚了。等阿娟懂事后，她才了解到母亲当初嫁给父亲，并不是因为爱，而是家里的安排。让阿娟印象最深的是母亲对她说过的一句话："还好你是一个女孩，你要是一个男孩，我不会要你。"这是因为阿娟的母亲十分讨厌自己的老公，她觉得如果是个儿子，简直就像是她老公的缩影，让她无法忍受。但因为阿娟和爸爸长得很像，这让她的母亲十分讨厌，她总是不遗余力地贬低阿娟的长相，她经常骂女儿："你长得真丑，扔到街上去都没人要。"有时候连周围的朋友都听不下去了，会劝解她："那是你的亲生女儿啊，你怎么舍得这样骂她。"但阿娟的母亲仍然无动于衷。

长大后，阿娟的母亲开始干涉阿娟的婚姻，她不准阿娟结婚。阿娟其实长得很漂亮，有很多男人追求她，她想要结婚，但母亲却极力阻止，叫阿娟不要结婚，给她灌输男人和婚姻的可怕之处，甚至还会跟身边的人说："千万不要在阿娟面前提结婚两个字。"阿娟一直想不通母亲为什么不让自己结婚，在她看来只要是一个正常的母亲，都会希望女儿能够结婚，有个好归宿。实际上，阿娟的母亲是担心阿娟在结婚后会离开自己，那样她就无法控制女儿了，到那时谁来照顾她的情感、情绪呢？估计她自己都没有意识到，身为母亲的她居然如此依赖女儿。

后来，阿娟怀上了小文并且被男友抛弃，她将此事告诉了母亲，母亲对她的行为十分生气，但还是支持她把孩子生了下来。起初，阿娟靠着以

前的积蓄应付自己和女儿的生活，积蓄花光后，她开始向母亲要钱，因为
母亲曾说她会照顾她们母女俩，而且阿娟当时所能依靠和相信的人只有她
的母亲了。

每当阿娟去向母亲讨要生活费时，母亲都会给她钱，只是给钱的方式
让阿娟难以接受。母亲会将钱都扔在地上，然后让阿娟跪着一张一张捡起
来，而这一切都被小文看在眼里。当时阿娟也觉得这样很屈辱，但是没有
办法，她和女儿要生活，她没有一份好工作，也没有收入来源，她只能祈
求母亲的施舍。

除此之外，阿娟还要担心母亲可能随时爆发的脾气，母亲甚至会在半
夜时分闯入阿娟的住所，大骂阿娟不争气，甚至拿着菜刀逼迫阿娟去找孩
子的父亲。每当母亲发火，拿着菜刀嘶吼责骂时，阿娟只能抱着女儿缩在
角落里，她很害怕，但又不知道该如何摆脱母亲的折磨和惩罚。后来她将
家里所有的刀具都扔掉了，每逢夜晚都会将房门用一把椅子顶着，防止母
亲半夜跑来发疯。

阿娟在经济上一直依靠母亲，但在这段母女情感关系中，她与母亲所
扮演的角色恰恰也是相反的，她一直在照顾母亲的情绪、情感，而母亲一
直在对她进行控制，从贬低她的长相，到反对她结婚。阿娟的母亲这么做
不过是在弥补自己内心的空虚，她犹如一只情感寄生虫，没有自我，只能
依赖女儿的需要生活。

在生下女儿后，阿娟一直口口声声说自己要为女儿负责，她还声称自
己十分重视小文的教育。的确，小文从小就被送入贵族学校学习，各方面
生活条件也都不错，但她忽视了小文的情感需求。她也变成了一只情感寄
生虫，母亲的压迫，丈夫的缺位，让她极度缺少关爱，于是她选择控制女
儿，用女儿对自己的需要填补自己人生的空虚。

于是，小文开始被一种无力感所笼罩，她的情感世界开始变得荒芜，她只能用自己少得可怜的情感养分来供养阿娟这只情感寄生虫。随着年龄的增长，小文变得越来越叛逆，她与阿娟之间的关系也变得越来越紧张。以前，小文与阿娟的关系十分亲密，但当她无法承担照顾阿娟的情绪、情感的重任时，就开始与阿娟产生冲突，以此来摆脱阿娟对自己的控制。她的叛逆变本加厉，从最初的抽烟、自残、离家出走，到后来报警反抗阿娟，最后小文突然宣布自己与一名外国男子结婚。

像阿娟与小文这样的寄生式母女关系在心理学上被称为"共生关系"。共生关系原本属于生物学范畴，指生物之间相互依存、共同进步的关系。20 世纪，玛格丽特·马勒教授将生物学上的共生关系概念引入了心理学人格领域的研究之中。

马勒教授认为母亲与婴儿之间存在共生关系，刚出生的婴儿只能和母亲共生在一起，他无法脱离母亲而生存。在这个阶段，婴儿与母亲之间的共生关系属于正常现象。但随着年龄的增长，婴儿会渐渐摆脱与母亲的共生关系，真正成为一个独立的个体。

当婴儿从母亲身体内分娩出来的时候，他第一次在生理上与母亲分离，就生理而言，他与母亲的一体化变成了两个独立的个体。但婴儿如此弱小，只能依赖母亲而生存。在 1 岁之前，婴儿在生理上无法很好地控制自己的身体，需要依赖母亲；在心理上婴儿会认为自己与母亲是一体的，他的情绪会随着母亲而变化，母亲高兴他也会高兴，母亲悲伤他也会跟着难过。

在这个正常的共生阶段内，婴儿会产生一种全能感，他认为世界在围绕着他转，他是世界的中心，而婴儿的世界就是母亲。当他哭闹时，母亲就会关注他，给他喂奶、换尿布、哄他睡觉等，当母亲及时满足了婴儿的生理与心理需要时，婴儿的全能感就会得到保护，否则婴儿的世界就崩塌了。

随着年龄的增长，幼儿渐渐可以控制自己的身体，他学会了爬、走路，于是他开始以母亲为中心探索周围的世界，母亲与孩子的分离便开始了。

如果一个人已经成年，他还是与母亲保持着共生关系，那么这就是病态共生。就算两人的关系再亲密，也需要有明确的界限，双方要明白他们彼此是独立的个体。如果在亲子关系中，出现了界限模糊的情况，那么势必会给母子双方带来伤害，最终的结果只能是两败俱伤。

在阿娟与小文的母女关系中，就存在情感共生的现象。小文作为女儿，自然很依赖母亲，她从出生起就不断吸收着母亲给自己的一切，于是她渐渐形成了习惯性讨好并满足母亲需求的习惯，没有了自我。

在中国，这种"情感共生"的亲子关系十分常见，许多父母都意识不到孩子是一个独立的个体，自己应该与孩子保持一定的距离。他们恨不得一辈子都和孩子绑在一起，他们自己没有完整的人格，所以只能积极参与孩子的人生，控制孩子，从一日三餐到择业结婚，用控制孩子的方式来获得安全感。他们在心理上对孩子产生了过度的依赖，对他们而言孩子就是唯一的"精神支柱"。

燕燕与儿子的关系十分亲密，她总是向同事们炫耀她和儿子的关系如何好，还说她的儿子就没有青春叛逆期，他们晚上会在睡前躺在床上聊天。可燕燕的儿子已经13岁了，每晚还是和母亲睡在一张床上。

燕燕的丈夫老张是家里的顶梁柱，但同时也是家里可有可无的存在，妻子、儿子从未体会过来自老张的爱。在正常的家庭关系中，夫妻感情十分重要，夫妻关系应该是家庭的核心，但自从儿子出生后，燕燕的生活重心都转移到了儿子身上，丈夫不再受到她的关注和重视。在一个家庭中，如果夫妻双方中有一方缺席，例如离婚，或者心理缺失，例如丧偶式婚姻，那么另外一方很可能就会向孩子寻求情感安慰，孩子就会成为填补这个情感空缺的人。表面上看，燕燕的家庭关系很稳定，她也很享受与儿子之间的亲密感，甚至觉得与儿子睡前躺在床上聊天是促进感情的最好方式。事实上，燕燕与儿子之间是病态的共生关系。

父亲的缺席在中国家庭中十分常见，在丧偶式婚姻中，父亲虽然每天下班按时回家，却将家当成了旅馆，成为家里的客人，或是成为一个隐形的人。

燕燕的情感需求应该由老张来满足，但由于老张丈夫角色的缺位，她的儿子在无形中扮演了父亲的角色，来满足母亲的情感需求。对于燕燕来说，与儿子的相处十分轻松愉快，她能从儿子身上获得安全感，在这个世界上还有什么关系比血缘关系更为牢固和安全呢？她完全不用担心被儿子背叛、伤害。而且儿子通常不会像丈夫那样和自己抗争，他会顺从、迎合、满足母亲的需求，这让燕燕感受到了一种控制感，她完全掌控着另外一个生命。在这段共生关系中，燕燕这位母亲显然垄断了儿子的情感经营权。

每个人都会产生负能量，并有一种想要将负能量倾倒给其他人的冲动。在共生关系中，作为控制一方的父母常常会将子女当成"垃圾桶"，将自己的负能量都倾倒给子女。燕燕的儿子总是很听话，没有像其他青少年那样产生叛逆的言行，燕燕觉得很自豪，但实际上她已经严重阻碍了儿子的成长。对于燕燕来说，她很享受与儿子的相处，因为儿子听话、爱她，还无条件地包容她的情绪。燕燕觉得这是爱的表现，她爱儿子，儿子也爱她，所以儿子才会那么听话。事实上，燕燕所谓的母爱自私到了极点，她要的并不是爱，而是儿子对她的服从以及她对儿子的完全掌控。

共生关系会给双方带来危害。当两人的关系亲密到了没有界限的地步，那就相当于连体婴，两人时时刻刻都得在一起，相互依存的同时，也相互牵绊。燕燕的儿子能满足她的情感需求，她在与儿子相处的时候觉得很满足，但随着儿子的年龄越来越大，燕燕的恐慌感也会越来越强烈，因为她知道儿子迟早有一天要离开，例如到外地上大学、结婚生子等，她在儿子身上所获得的满足感终会消失。在所有的关系中，我们与伴侣的相处时间是最长的，在建立婚姻关系之后，让伴侣来满足自己的情感需求才是一段正常的亲密关系，可对于燕燕来说，她已经不知道该如何修复与丈夫之间疏远的关系了。

对于燕燕的儿子来说，他还未成年，他并不知道自己与母亲之间的情感共生是病态的，需要他去拒绝和改变，同时他又会为此感到痛苦。他不仅需要填补父亲的空缺，满足母亲的情感需求，还需要承受母亲的负能量，例如母亲焦虑的转移，这会给他的心理带来沉重的压力。燕燕的儿子可能会来一次彻底的叛逆，远离家庭，将母亲赶出自己的人生；他也可能完全成为被母亲控制的"奴隶"，一直与母亲保持着亲密的关系，放弃探索外界，只愿意留在家里，陪在母亲身边。

太过亲密的母子关系会让儿子在与母亲以外的女性建立亲密关系时遇到困难，因为他与母亲之间太过亲密了，已经超过了正常的母子关系。女朋友或妻子会觉得自己像个第三者一样，很难介入他们母子的关系中。

在许多人看来，婆媳关系是世界上最难相处的关系。婆媳矛盾之所以会存在，很多时候就是因为婆婆没有界限感，不知道该如何与儿子保持距离。当然，儿子也有很大的责任，虽然他早已成年，但心理上还是个未断奶的孩子，无法摆脱对母亲的依赖。所以当媳妇想要和丈夫建立亲密关系的时候，她势必会和婆婆产生竞争，这样一来双方必然会出现矛盾。一个心理不成熟的男人在处理婆媳矛盾时，会因为与母亲的情感共生关系而向着母亲，和妻子对抗，这样一来，家庭矛盾必然会升级。

打破共生关系，走出情感共生的局面，需要很大的勇气。就像哪吒，他是中国古代神话故事中一个相当"叛逆"的角色，因为无法忍受父亲的逼迫而自戕——割肉还母，剔骨还父。后来在太乙真人的帮助下，哪吒的魂魄借助莲花莲藕重生。一个在情感共生中苦苦挣扎的人想要在心理上和父母划清界限，必须得拿出像哪吒剔骨还肉的勇气来，只有这样才能重获新生，成为一个拥有独立人格的人。

情感共生的现象在单亲家庭中尤为常见。单亲家庭中，母亲（父亲）与孩子是相依为命的状态，有的母亲（父亲）会为了孩子而主动放弃寻找另一半，为了孩子而牺牲自己下半生婚姻的幸福。这样一来，母亲（父亲）会将自己的人生重心都放在孩子身上，对孩子抱有极大的期望。通常情况下，孩子都会对母亲（父亲）充满了感激，同时也会觉得自己亏欠了母亲（父亲），母亲（父亲）是因为他才牺牲了幸福。

一旦孩子对母亲（父亲）产生了一种愧疚感，那么在他的潜意识里就不允许自己过得太幸福，否则就是对母亲（父亲）的背叛。他会觉得母亲（父亲）为了他一个人辛苦了那么多年，如果母亲（父亲）过得不幸福，而他又过得很幸福，那是对母亲（父亲）的背叛。

每个人刚出生的时候就像一块海绵，原生家庭不论给予他什么，他都会吸收，在这个过程中，他会渐渐形成属于自己对生活的认知，这种认知会成为他的自我生存策略。在亲子共生关系中，孩子的自我生存策略就是讨好、满足母亲或父亲的需求，会习惯性地成全母亲或父亲，将自我压抑下来，在原生家庭的共生关系中越陷越深，不会成全自己，也不会为自己而活，甚至连内心都不再属于自己。

当一个人已经习惯了共生关系后，再想要摆脱共生关系，这对他来说就会变得尤为困难。因为他在遇到困难和阻碍时会习惯性地回到情感共生关系中，那对他来说很熟悉，人们往往会产生一种熟悉即简单（好）的错觉。所以想要摆脱共生关系，除了要鼓足勇气外，还需要从内心厘清自己与他人的关系，只有明确两人之间的界限，才能建立一个属于自己的新世界。

在阿娟与小文的母女关系中，阿娟没有自我，她像个寄生虫一样向女儿索取，让女儿满足她的情感需求。小文最初也在顺从，但后来她渐渐觉得力不从心，毕竟每个人的心理能量都是有限的，无法供养一个人贪婪地索取，于是小文变得叛逆起来，并渐渐摆脱了与母亲的共生关系。如果阿娟想要挽救这段母女关系，就必须学会让自己成长起来，学会对自己负责，回到自己身为母亲应有的角色上，让小文也回到作为女儿的位置上。

我们每个人都应该明白，自己的精力和力量是有限的，我们终其一生只能做到为自己负责，无法为他人负责，否则太过沉重的责任会将我们压垮。

第二章

隐形的情感能力——父母影响与情感模式

沉浸在世界赢家的自恋幻觉中

2015 年 6 月，美国密苏里州发生了一起命案，被害人蒂蒂被人刺死在自家的卧室内，身中数刀，倒在血泊里。尸检结果显示，被发现时蒂蒂已经死去好几天了。警方在调查的时候发现，蒂蒂在社交网站上发布的最后一条动态是："那个女人死了！"

这条动态引起了警方的怀疑，蒂蒂在当地是有名的模范母亲，她有一个半身瘫痪、智力低下的残障女儿，但她并没有埋怨命运的不公，反而表现得十分坚强乐观，感动了无数人，在社交网站上有许多粉丝。当粉丝们看到"那个女人死了"这条动态时，并没有想到蒂蒂被人杀害了，只是觉得她可能被盗号了。

在警方发现蒂蒂的尸体时，她的女儿吉普赛却不见踪影，警方只在卧室里发现了吉普赛的轮椅。

通过技术手段，警方查到了发送那条动态的 IP 地址，指向威斯康星州一个叫尼古拉斯的人家中。警方迅速派出警力包围了尼古拉斯的房子，尼古拉斯很快就投降了。警方在尼古拉斯的家里发现了失踪的吉普赛，只是令人吃惊的是，吉普赛不仅可以正常走路，还具有清晰的表达能力，智商看起来和正常人无异。

许多年前，吉普赛曾和母亲一起出现在大众的视野里。那个时候的她和母亲所描述的完全一致，她下半身瘫痪，完全没有独立行走的能力，只能坐在轮椅上被母亲推着，而且她的腿部肌肉已经出现了萎缩的症状，她的智力也只有 7 岁孩子的水平。吉普赛每天要摄入大量的药物，小小年纪就掉光了头发和牙齿，必须依靠喂食管进食。有时候吉普赛的病情会严重到需要随身携带氧气瓶。

被捕后的吉普赛告诉警方，她伙同男友尼古拉斯杀死了母亲，因为她再也忍受不了母亲对自己的病态控制了。吉普赛是个很健康的女孩，但从她记事起，母亲就告诉她，她得了癌症，需要将头发剃掉，她还按照母亲的吩咐每天吞食大量的抗癌药物。这些抗癌药物有很大的副作用，但吉普赛从未反抗过，她相信母亲说的话，并乖乖听从母亲的命令。后来母亲策划了一个巨大的骗局，吉普赛在母亲的命令下，开始伪装成下身瘫痪的低能儿，而她的母亲则是一个对女儿不离不弃的伟大母亲。在母亲的病态控制下，吉普赛每天都过着生不如死的日子。

23 岁时，吉普赛接触到了网络，并在网络上与尼古拉斯建立了恋爱关系。当母亲得知吉普赛有一个网恋男友后，震怒之中直接将吉普赛的电脑给砸坏了。后来，蒂蒂换了一台新电脑，她虽然没有阻止女儿继续使用电脑，却规定女儿必须得在她的监视下使用电脑。吉普赛只能在半夜趁着母亲熟睡之际偷偷起床上网。慢慢地，吉普赛越来越无法忍受母亲对自己的病态控制，她渐渐意识到这种生活的异常，不想再承受生理和心理的双重痛苦，于是就向男友尼古拉斯求助，两人一起合谋杀死了母亲。

被捕后，吉普赛承认自己杀死了母亲，她被判处二级谋杀罪，需要服刑 10 年，可以在 7 年半时申请保释。吉普赛很快适应了监狱里的生活，她还留起了长发，不再吃任何药物，她的健康状况一直很不错，甚至还增重了 14 公斤。吉普赛表示：“我觉得在监狱里的生活，比之前跟妈妈在一起生活要自由得多。”不论是在生理上还是心理上，吉普赛终于摆脱了母亲的控制。

吉普赛的母亲是一个典型的自恋者。自恋者的眼中只有自己，认为自己是个十分有魅力的人，高人一等，从不接受他人对自己的批评，不认为自己会犯错误。如果一个人的父母是自恋者，那么他的童年将会是一场灾难。

自恋型父母对子女只有一个要求，那就是无论何时何地都要听自己的，他们从不关心子女的需求和感受，一切都要按照自己的意志来，否则他们就不能接受。对于自恋型父母来说，他们从不会承认别人也有自主权，在他们看来，只有自己才知道怎么做最正确，自己永远是对的，子女只需要乖乖听话就好，否则他们就会发火，向子女表达自己的不满和失望。

自恋者只爱他自己，他会利用子女来满足自己的需求，将子女视为自己的延伸，而非独立的个体，甚至会为了一己私利来剥削子女。例如吉普赛的母亲为了享受众人的关注和同情，故意将健康的女儿扮成一个瘫痪的低能儿，这样她就能扮演一个伟大无私的母亲，从而满足其自恋心理。对于她来说，女儿并不是一个独立的人，只是她的附属品，因而她对女儿的痛苦视而不见。

自恋者十分擅长操纵人心，他会充分利用他人的内疚、愤怒、悲伤和愧疚，从而使对方彻底成为他的傀儡，完全按照他的要求去做。一旦对方出现反抗，自恋者就会开始批评、斥责对方，将所有的责任都推给对方。例如当吉普赛的母亲发现女儿违反自己的要求，瞒着自己在网络上交了一个男友后，她大动肝火，将电脑砸坏。幸运的是，吉普赛并没有被吓住，她开始意识到自己生活的病态，认识到自己不应该为了取悦母亲而病态地生活下去，只不过她反抗的方式太过偏激。

　　和自恋者的相处是十分痛苦的，因为自恋者毫不在乎自己给他人带来的伤害。在亲子关系中，子女一般会通过取悦自恋型父母的方式来获得父母的爱，但令子女痛苦的是，自恋型父母根本不会爱自己，他们从来无法从自恋型父母那里体会到被爱、被关心的感受。当子女试图让自恋型父母了解自己的感受和想法时，自恋型父母通常会忽视、贬低子女的感受，或者干脆发火，指责子女目无尊长、不懂得感恩。

　　自恋者有着十分强烈的被认可的需求，这是其典型的自恋特征，因此他们非常急切地要求别人认可自己的努力和付出，唯恐他人低估或忘记他们所做出的贡献。而当自恋者成为父母后，他们会更加急切地想向外界证明自己的爱心和无私，于是子女就会成为他们证明自己的工具。在上述案例中，吉普赛的母亲为了向外界证明自己是个高尚、无私的母亲，于是就故意将自己健康的女儿扮成一个残障者，甚至为了让女儿配合她演戏，给女儿吃大量的对身体有害的药物。养育一个身体健康、头脑正常的子女，是每个母亲都能做到的，并不稀奇，而辛苦养育一个残障的女儿更能证明蒂蒂是个高尚、伟大的母亲，于是她利用这一点，成了当地的模范母亲，得到了人们大量的关注和同情，许多人都很敬佩她。这恰恰满足了蒂蒂极度膨胀的自恋心理。

　　当然，像蒂蒂这样极端的例子很少见。在现实生活中，更常见的情形是，自恋型父母对子女进行无私的照顾，代替子女决定生活中的一切，容不得子女的抗拒，否则他们就会表现出不高兴，并通过引发子女的愧疚、恐惧心理试图控制子女。表面上看起来，他们对子女的照顾是无私奉献，事实上他们剥夺了子女获得独立的权利。

　　莎莎是个各方面都很优秀的女孩，人长得漂亮，学历也不错，性格还很开朗，唯一美中不足的是有些胖。莎莎的父亲也是个各方面都很优秀的人，他对女儿的要求非常严格，在莎莎上学的时候，父亲就十分在意莎莎的学习成绩，当莎莎考入重点大学后，父亲逢人便会提到自己在教育孩子方面有多厉害。

大学毕业后，父亲依旧掌管着莎莎的一切，从她交什么朋友，到什么场合穿什么衣服，都由父亲说了算。对于莎莎的体重，父亲自然十分在意，他不能容忍女儿这种不"标准"的体重，经常强制女儿吃一些减肥餐。莎莎虽然按照父亲的要求去减肥，奈何她属于易胖体质，一直都瘦不下来。看到莎莎减肥毫无效果，父亲就开始用言语攻击她，说莎莎连自己的身材都管理不好，根本不配做他的女儿，甚至还提议让莎莎去割胃。莎莎一再向父亲强调，她已经瘦了好几斤，一直在按照科学的方式减肥，减肥是一个循序渐进的过程，急不得。父亲根本不听莎莎解释，一直不停地批评莎莎，说莎莎没有努力减肥，还说自己都是为了莎莎好。

与自恋型父母相处是一件很痛苦的事情，他们常常认为自己是最了解子女的人，自己所做的一切都是为了子女好。事实上，他们是以爱的名义操纵子女，以满足自己自恋的心理，让子女完全按照自己的意愿行事，活成他们想要的样子，满足他们操控一切的快感，因此，自恋型父母的子女常常会产生一种无力感。

自恋型父母还总是爱发脾气，给人一种喜怒无常的感觉，因为他们对别人的要求总是非常苛刻，要求他人能够立刻满足自己的需求，并且不允许出现任何差错，有时候他们会直接说出自己的需求，但有时候不会。因此和自恋者相处还是一件十分困难的事情，他们时刻都在挑战你的包容度。

自恋者有一套属于自己的行为标准，并且认为只有自己才是对的，因此他们无法容忍别人做事的标准和自己的不一致，否则他们就会发脾气。

最关键的是，自恋者一直在随意修改这个标准。因此作为自恋者的子女，他们永远无法做到让父母满意，总是被父母批评或进行负面评价。

在一个自恋者看来，他就是人生赢家，为了证明这一点，他会处处和他人比较，以证明自己的优越性，还要确保别人明白自己比他强。为了达到这个目的，自恋者会通过撒谎、作弊、扭曲事实、误导他人等方式，来达到自己的目的。在自恋者看来，所有人都是他为证明自己是人生赢家而可以操纵和利用的对象，子女也不例外。例如一个女孩学习成绩非常好，家里的经济条件也能够供她继续读书，但她的母亲却强制她辍学打工，因为母亲不允许女儿比自己强，尤其是当她得知女儿的数学成绩很优秀，总是拿班里的第一名，经常受到老师的表扬时。自恋者不允许他人在任何方面超过自己，抢了自己的风头，即使这个人是他的子女也不行。

在自恋者的世界里，只有他才是主角，其他人一律是配角，是为了衬托和支持他而存在的。当自恋者有了孩子后，孩子就会成为他引起别人关注的工具，例如吉普赛的母亲就在利用女儿后，成了当地有名的模范母亲，得到了人们的关注。自恋者十分爱表现，总会夸大自身的成就，将所有人当成他的观众。

总之，自恋者所有言行的心理动机只有一个，就是将自己看作世界的中心，其他人只是满足他自恋心理的工具。他活在自己是人生赢家的幻觉中，周围的人必须满足他的这种自恋幻觉，一旦有人试图打破，他就会勃然大怒。如果自恋者只是一个普通人，没有突出的成就，那么他想要控制其他人配合自己的自恋表演就是一件几乎不可能的事情，于是他便将控制目标转移到子女身上。子女由于年龄的劣势，无法脱离自恋者而生活，所以子女往往是自恋者满足自己的自恋心理的绝佳工具，也是受伤最严重的受害者。

将孩子视为自己的私人物品

佳佳是一个很优秀的女孩，她博士毕业，是高分子材料结构专业的高才生，还达到了钢琴演奏十级水平。可就是这样一个优秀的女孩，却从未感受到幸福，她觉得自己活得很压抑，快要被憋疯了。这一切的源头来自她的母亲张女士。

张女士是一个十分在意孩子教育的人，从佳佳出生起她就致力于将女儿培养成一个社会精英。她觉得自己做到了，34 岁的女儿很成功，不仅有博士学历，钢琴也过了十级。她觉得女儿的成功和优秀都是自己付出的回报。

而在佳佳看来，自己已经被母亲控制了 34 年，她表面上很成功，精神上却面临着崩溃。她经常会突然情绪失控，忍不住歇斯底里地大哭。她希望母亲能做出改变，放弃控制她，让她去过自己想要的生活。但张女士执意认为自己所做的一切都没有错，如果不是她，佳佳不会有如今的成就，她也承认自己的教育方式过于严厉，可是这一切都是为了佳佳好，她常说"玉不琢不成器"。

在佳佳 5 岁时，张女士就自作主张让她学钢琴，为了督促女儿练琴，她禁止女儿出去和其他小朋友玩耍。佳佳练琴的时候，张女士就坐在旁边陪她，一旦发现佳佳弹错了，她就会拿起准备好的小棍子敲打女儿的手。在张女士的严厉教导下，佳佳终于考过了钢琴十级。

除了练钢琴外，张女士还十分重视佳佳的学习成绩，杜绝一切可能会影响佳佳学习的因素。为了了解女儿在学校里的生活，张女士常常趁女儿不在家时偷看她的日记。有一次，张女士在偷看女儿的日记时，发现日记中频繁提到一个男生的名字，女儿在字里行间表达了对该男生的好感，张女士认定女儿有早恋倾向，于是跑到学校将这个男生臭骂了一顿，并让他离佳佳远点，当时的佳佳难堪极了。

张女士还会控制女儿的穿衣打扮，她禁止女儿穿裙子或者将自己打扮得漂漂亮亮的，她认为打扮会耽误女儿的学习。每当佳佳将朋友带到家里坑的时候，张女士就会像查户口一样去调查女儿的朋友，一旦她觉得女儿的朋友不符合她的标准，她就会将女儿的朋友赶出家门。佳佳生活的方方面面都被母亲所控制，从学习到交朋友，她必须得按照母亲的要求来，否则就会遭到惩罚。佳佳按照母亲的要求一路读到了博士，她学习的高分子材料结构专业也是母亲选的。

像张女士这样专制型的父母有很多，只要孩子稍稍出现不合己意的言行，专制型的父母就会呵斥、怒骂孩子，用言语攻击孩子，例如否定、讽刺孩子，有的甚至会虐待孩子，用打骂的方式来惩罚孩子。

专制型父母会给孩子制定很多规矩，并提出一些目标，例如对学习成绩、才艺的要求。孩子所要做的就是乖乖服从，不能质疑，否则就会遭到父母的惩罚。专制型父母从来不会在意孩子的感受和想法，更不会坐下来和孩子沟通，每当孩子提出质疑的时候，他们都会一律拒绝，只按照自己认为正确的教育方式来教育孩子。至于这种教育方式是否适合孩子，孩子的性格特征如何，他们根本不会考虑。

专制型的父母之所以会采取专制的教育方式，是想要通过控制孩子来凸显自己存在的意义。在上述案例中，张女士是个单亲母亲，她将全部的精力都放在了如何教育女儿上，只有女儿达到了她的要求，例如取得了好成绩，她才会感到自己存在的意义和价值。

专制型父母只想要一个顺从自己的孩子，并将顺从视为爱。只有孩子乖乖按照自己的要求去做，彻底顺从自己，不会质疑自己，那么专制型父母才能感觉到被爱。否则，专制型父母就会觉得孩子在挑战自己的权威，他们会认为自己被孩子拒绝了，没有得到孩子的尊重，这种感觉十分糟糕。所以专制型父母会采取严厉的惩罚手段来镇压孩子的质疑和反抗。

专制型父母会给孩子带来很大的伤害，通常情况下孩子在其控制下会失去自我，意识不到自己的权利。在一个人 2 岁时，他会逐渐具有自我意识，想要按照自己的意愿去做一些事情，例如想要自己动手吃饭，想要外出和小伙伴一起玩耍。专制型父母通常会忽略孩子的自我意愿，他们会给孩子制定一些规矩，告诉孩子这不可以，那也不可以。在上述案例中，佳佳想和同龄人在一起玩耍，但母亲对她的交友进行了严格限制，告诉她哪个朋友不可交，会对她的学习产生影响，并将不符合自己要求的女儿的朋友直接赶走。步入青春期的佳佳渴望将自己打扮得漂漂亮亮的，这是每个女孩子都有的心理，但母亲不允许她这样做，理由是影响学习。孩子会在专制型父母的规定中感到自己总是被拒绝，并渐渐失去自我，因为他们感觉不到自己是可以掌控自己的，他们总是被父母所掌控，没有权利做一些自己想做的事情。久而久之，专制型父母会将孩子培养成一个任由他人摆布的傀儡，没有自我意识。

专制型父母虽然不一定会对孩子进行精神虐待和控制，却一定会忽视孩子的情感需求，孩子会在父母的情感忽视下，渐渐将自己的需求埋藏起来，他会觉得自己并不重要。有的专制型父母并不一定会严厉惩罚孩子，但依旧是专制的，他会命令孩子去做一件事情，当他发出这个命令的时候，孩子必须放下手头的事情马上去执行，一旦孩子稍做迟疑，或者不愿意去做，他就会说一些很难听的话。他这么做是为了满足自己被尊重和被爱的需求，却忽略了孩子的情感需求，会给孩子的心理带来伤害，让孩子产生一种自己的感觉和需求无关紧要的感受，陷入自责和莫名的愤怒之中。

对于专制型父母来说，孩子就是自己的私人物品，自己可以随意控制和惩罚，外人没有制止的权利，一旦对方劝阻，他就会呵斥对方多管闲事："这是我自己的孩子，我爱怎样就怎样，你管不着！"

还有的父母之所以会采取专制的教育方式，是受到传统教育观念的影响，认为孩子"不打不成材""棍棒底下出孝子"。

被亲职化剥夺的童年

2010 年年底，一段视频在网上疯传，视频中的主角是一个 9 岁的男孩，他在自家的鱼摊上拿着菜刀，熟练地将一条条鱼开膛破肚。他的杀鱼技巧十分娴熟，杀鱼速度也很快，关键是他的眼神倔强而犀利。广大网友一下子就被他吸引住了，还给他起名为"杀鱼弟"。

杀鱼弟姓孟，孟家一共有 6 个孩子，小孟是家里的老大，他跟随父母来到苏州后不久就辍学了，开始在家里开的水产店里帮忙，起初他只是帮父母卖鱼，后来跟着父母慢慢学会了杀鱼，在长时间的训练中，小孟的杀鱼速度越来越快，技巧越来越娴熟。小孟成为网红后，找他买鱼、杀鱼的人越来越多，他家水产店的生意开始变得红火起来。

走红后，电视台开始邀请小孟和他的父亲参加节目。社会爱心人士开始质疑，小孟小小年纪为什么不去上学。在好心人的资助下，最后小孟回到了学校。因为跟不上学校学习的节奏，小孟再次离开学校，对此他的父亲解释说："他有时候三天两头去学校，有时候早上去了下午就回来了。读书有什么用？还是得干活挣钱。孩子自己也不想读，说实话他根本读不进去。"

由于长期待在水产店里，小孟的生活圈子比较狭窄，几乎没有什么朋友，他的性格也变得暴躁而孤僻。一天，小孟在卖鱼的时候和顾客发生了争执，他的父母马上出现解决了这场争执。但在争吵后，小孟觉得父母没有站在自己这一边，就与父母争吵起来，冲动之下小孟喝下农药自杀，幸好治疗及时挽回了生命。对此小孟的母亲愧疚不已："我们整天忙着做生意，根本没想过他也是个孩子，需要关爱，这次的争吵也许只是一个导火索。"

很多人像小孟一样在成长的过程中，并没有得到父母应有的照顾，而是反过来被要求去照顾自己的父母。父母与孩子的角色颠倒了，好像孩子变成了父母的"父母"，变成了父母化的"孩子"。表面上看，这样的孩子很懂事，懂得为父母分担生活的重任，实际上孩子变成了一个只会关心、在意父母感受的人，而忽略了自己的感受。这种被父母剥夺童年的现象被称为"亲职化"亲子关系。

处在亲职化亲子关系中的人，每当回忆起自己的童年时，想到的通常是责任，例如很小就承担起家务，照看弟弟妹妹；为了缓解家里的经济压力主动辍学打工，挣钱补贴家用；十分懂得照顾父母的情绪，充当父母矛盾的调解员；等等。一个人正常的童年生活应该是纯真、无忧无虑的，而不是过早地接触到成人世界里的责任，被迫成为一个"小大人"。也就是说，童年是每个人都需要被照顾的年纪，而非被迫承担起父母的责任，这样非正常的童年，会给孩子的健康成长造成很大的阻碍。

亲职化通常有两种类型：情感型和工具型。

在情感型的亲职化关系中，孩子会成为满足父母或兄弟姐妹情感需求的人，例如常见的父亲角色缺失的家庭中，母亲的情感需求无法得到满足，转而向儿子寻求情感慰藉，以弥补自己缺失的情感。这样一来儿子就成了母亲情感上的"代理丈夫"，他不得不压抑自己的需求。这种类型的亲职化关系会给孩子的情感联结能力带来巨大的破坏，从而导致孩子无法正常发展出健康的情感联结，因为孩子根本不需要，也做不到去满足父母情感和心理上的需求，这会给孩子带来极大的挫败感和心理压力，相当于情感和心理上的虐待。

另一种类型的亲职化关系被称为工具型，具体是指孩子代替父母的角色满足家庭的物质及工具性需求，例如承担起所有家务、照顾弟弟妹妹，好像是家里的另一个成年照料者。小孟早早辍学，在自家的水产店里帮忙，他就相当于一个免费的"童工"，被迫成了家里另一个赚钱的人。工具型的亲职化关系十分常见，例如我们常常听到的"穷人的孩子早当家"，一些家庭由于经济条件的限制，迫使孩子早早地担起家庭重任，就属于这种情况。

小王从小就在一个亲职化的家庭中长大，他的父亲总是逃避他身为丈夫、父亲的责任，每当家里出现问题时，他就会选择逃避，让小王出面解决。对此父亲从不愧疚，甚至觉得这是小王应该做的，谁让小王是家里最大的孩子呢。小王只能扮演起父亲的角色，承担起父亲的责任。

在小王的记忆里，他从 11 岁左右就开始照顾母亲和两个弟弟，每天除了上学外，还要做家务。最让小王难以忍受的是母亲的控制，这给他带来了巨大的精神压力。小王的母亲是个控制欲极强的人，对孩子只有一个要求，那就是服从，只要她觉得孩子做的和自己想的不一样，她就会毒打孩子，之后要求孩子下跪认错。小王即使觉得委屈极了，也得拼命当作什么事都没发生过一样。

晚上，每当母亲说她的腿不舒服时，小王就得用活络油给她按摩，长达 2 个小时。之后小王还要哄 3 岁多的弟弟睡觉。有时候，小王实在受不了了，他也只能边哭边哄弟弟睡觉。第二天，小王还要装作若无其事的样子做早饭。小王还要充当母亲的知心人，母亲总是对小王说，她是多么想得到他父亲的保护和他奶奶的尊重，她又是多么委曲求全，小王只能耐心安慰她。

但小王做出的牺牲和承受的委屈从没有得到过母亲的认同和表扬，在她看来，小王作为大哥就应该帮父母承担起家里的责任，她将这些本该属于自己和丈夫的担子都交给小王，并且认为理所应当。有时候，对于母亲的要求，父亲也会帮着做一些事情，但他坚持不了几天就会放弃，因为他觉得很累，可他从未想过自己的儿子只有十几岁，他每天的生活都是如此，该有多么的疲惫。

在家里，小王从未与任何人发生过争吵，相反他还总是扮演劝架者的角色。一旦家里发生了争吵，小王一定是那个两边哄、两边劝的人，他被剥夺了表达自我真实感受、想法的权利。有时候小王也会怨恨命运的不公，恨自己为什么会生活在这样的家庭里，他不止一次地想要逃离，甚至想到了死。不过年幼的小王都忍耐下来了，他觉得一旦自己放弃了这个家，家就散了，不管他有多么不情愿，他也会咬着牙硬撑下去。

结婚后，小王想极力摆脱这个家庭，但没什么用，每当家里出现问题，父亲都会叫小王回去解决，母亲则只想控制家里的所有人，想让大家都听她的话，可她又控制不住其他人，于是只能将所有怨气都发泄到小王身上，丝毫不考虑小王的内心感受。有一次，家里人决定组团去旅游，于是就将做攻略的任务交给了小王，由于小王忽略了事先需要订好饭店，被母亲嘲讽，她觉得小王没有组织好旅游。

后来小王想通了，既然他从未从原生家庭里体会到被爱，那么他就没必要再把精力耗在父母身上。他明确向父母提出，如果他们还想和他这个儿子来往，想一家子其乐融融地在一起，就必须学会尊重他的感受和能力，否则他会考虑远离他们。

处在亲职化关系中的人通常很难觉察到自己深陷其中，因为他从小就在亲职化的模式中，已经适应和习惯了亲职化关系。在上述案例中，小王也是在成家后才意识到亲职化关系对自己造成的消极影响，并鼓起勇气主动提出让父母尊重自己的感受和想法。在此之前，小王也曾因为痛苦和疲劳想要逃离家庭。

想要识别自己是否处于亲职化关系中，可以通过以下几个方面来辨别：

1. 你的存在是否是父母的延伸，例如承载着父母的梦想；

2. 无法与父母沟通，你想要和父母交流自己的想法，但父母对你说的话题没有任何兴趣；

3. 觉得自己应该关心父母的需求和感受，常常会主动优先满足父母的需求，却很少得到父母的理解，父母也从不关心自己的感受；

4. 害怕犯错或判断失误，因为这会给父母带来麻烦；

5. 只要父母需要，会立刻放下手头的事情去努力满足父母的需求，甚至是牺牲自己的生活。

在一些功能失调的家庭中极易出现亲职化关系，例如父母很年轻，心理发展还不成熟，无法承担起养家的责任，或是父母有酗酒、抑郁等身心疾病，无法很好地履行他们作为父母的责任，于是他们的子女只能承担起照顾者的角色。此外，家庭经济状况不好、父母离婚或出现感情问题等类型的家庭中也很容易出现亲职化关系，因为这些情况会导致父母关注的重心在自己或外在条件上，无法照顾孩子的需求，反而需要从孩子那里得到照顾。

亲职化会对一个人的性格产生许多负面影响，通常会使一个人变得情绪敏感、容易愤怒，并且难以与他人建立情感联结。

由于长时间处在亲职化的关系中，一个人常常会忽略自己的感受，密切观察父母的情感需求，因此当他成年后，他的情绪会变得非常敏感，很容易捕捉到他人的负面情绪，因为他已经养成了时刻关注他人、琢磨对方的感受的习惯，他就是这样与父母相处的。最关键的是，他会将这种情绪内化，使自己沉浸其中，例如当他觉察到对方很痛苦时，他就会觉得不舒服，甚至觉得非常痛苦。由于他需要通过满足父母的需求获得父母的关注和爱，所以他在与其他人相处的过程中，也需要通过满足对方的需求来获得对方的好感和认同。

每个被迫压抑自己的人都会被一种莫名的愤怒所笼罩，所以亲职化关系会使一个人变得非常暴躁、很容易愤怒。这来源于他的父母，他对父母的感受很复杂，一方面他觉得自己爱父母，否则不会努力讨好父母；另一方面他又憎恨父母，觉得父母不应该将成年人的担子压到自己肩上，忽视自己的需求。当然，有的人并不会意识到自己与父母的角色颠倒了，他只是觉得愤怒，并将怒火发泄到朋友、伴侣和孩子身上。童年经历对他来说是一段充斥着失望、羞耻、自我批判等痛苦感受的经历，他无法向父母寻求慰藉，也无法将自己的感受、情绪倾诉给父母。

亲职化关系中的子女由于从小很少依赖父母，因此在长大后也很难与他人建立起依恋联结，他会觉得自己不需要依赖他人。在人际交往中，他会很容易让对方产生错觉："我是你的朋友，但感觉你并不需要我。"每个人都有依赖他人的需求，也有被人依赖的需求，人际交往的本质就是相互依赖，而一个不需要依赖他人或很少依赖他人的人是难以与他人建立起亲密关系的。

溺爱是一种懒惰的爱

老袁和妻子年轻时吃过很多苦，在生下儿子阿辉后，他们决定让阿辉度过一个快乐的人生，不让阿辉吃一点儿苦，因此不管阿辉提出什么要求，他们都会尽力满足。于是他们培养出了一个小霸王，在家里对父母颐指气使。

吃饭时，阿辉会霸占着自己喜欢吃的菜，不让父母吃，只有等他吃够了或吃厌了，父母才能吃。阿辉还霸占着家里的电视机，只要他想看动画片，父母就必须陪他一起看，哪怕他去趟卫生间也不允许父母换台。外出时，只要阿辉觉得累了，不想走路了，就要让爸爸背着自己。随着年龄的增长，阿辉变得越来越重，老袁背着他感觉很吃力，于是想要劝说阿辉自己走路，这时妻子就会站出来为阿辉说话："你就背一下吧。"只要阿辉想买的东西，父母必须给他买回来，不能有一丝的质疑。阿辉很喜欢蜡笔小新，家里到处堆着蜡笔小新的公仔，同一个造型的公仔就有 30 多个，有时老袁会忍不住问他："这个造型的公仔你不都有了吗？还买相同的干什么？"阿辉就会气鼓鼓地对爸爸说："你管我呢，我就是想要！"

上幼儿园后，阿辉成了总会欺负其他孩子的小霸王，他在家里横行霸道惯了，到了幼儿园里总爱指挥别的孩子，命令别的孩子和他一起玩，只要对方不同意，阿辉就会立刻生气，上前打骂对方。老师也曾向老袁夫妇反映过这个问题，并提醒他们要注意对儿子的教育方式，但他们觉得这不是问题，也没有在意。

转眼间，阿辉成了一名小学生。在学校里，阿辉还总是指挥别的同学，例如让别的同学帮他买东西、打扫卫生，甚至逼迫别人帮他写作业，这样一来，阿辉的学习成绩就变得很糟糕，他成了班里的差生，老师对他感到头疼，同学们也不愿意和他交朋友。阿辉为了引起大家的关注，开始惹麻烦，例如上课时骚扰其他同学、给同学和老师起外号、故意找老师麻烦等。这让同学们更加讨厌他了。

阿辉一直以来都习惯命令别人替自己解决问题，他希望大家能像父母一样，将他视为生活的中心。

每个人的婴儿时期都是自恋的，觉得整个世界都在围绕着自己转。随着年龄的增长，差不多从 2 岁开始，我们开始探索外界，并进行自我探索。在这个探索的过程中，我们会发现这种想法是错误的，我们会在逐渐了解外界的过程中，知道自己在整个人际交往中处于什么地位。

可在我们最初探索外界时，这个外界仅仅指我们的家，我们所接触到的人际网络很简单，只有父母和亲人。2 岁以前，父母以孩子为中心，怎么爱孩子，哪怕是溺爱，可能也不会造成什么严重的后果。可到了 2 岁之后，父母就应该意识到自己需要改变教育方式了，不能一味溺爱孩子，满足孩子的所有要求。否则孩子就会一直自恋下去，当他遭遇真正的挫折时就会给他带来毁灭性的打击。

在每一个人成长的过程中，挫折都是必不可少的体验，挫折教育可以让我们意识到自己并不是世界的中心，他人和自己一样都是重要的人，我们应该学会尊重他人，从而得到对方的尊重。在溺爱环境下长大的孩子，通常都缺失挫折教育。

有些受溺爱的孩子比较幸运，在离开父母走向家庭以外的世界时，会经历一些小的挫折、坎坷，从而摆脱以自我为中心的自恋心理模式，知道自己的位置，并主动去适应环境，而不是颐指气使地让环境来适应自己。如果一个人从未经历过挫折教育，一直顺风顺水，并且父母采取了溺爱的教育方式，那么他的自我就会无限膨胀，在步入社会后会遭受很严重的打击。这个打击会给他带来毁灭性的影响，因为他自恋的心理模式已经固化，难以改变，这个打击相当于摧毁了他有生以来所建立的心理模式。

在美国心理学家斯考特·派克看来，溺爱孩子和爱宠物差不多，都是父性或母性的本能。溺爱看起来是一种自我牺牲的爱，只想让孩子快乐，也可以使父母与孩子的关系更亲密。但事实上，溺爱并不是真正的爱，是懒惰的爱，父母根本不想费心思对孩子进行教育，所以选择一味地纵容孩子。总之，溺爱对孩子的心理成长毫无作用。

父母如果想要培养出一个健康且心智成熟的孩子，溺爱是绝对要不得的。爱不仅是给予，还要根据实际情况恰当地给予。父母既要赞美孩子，也要给孩子建立一些限制和规矩，要学会拒绝孩子，对孩子说"不"。

强迫孩子去做一些他根本不愿意做的事情，是一件很累的事情，还要面临着被孩子讨厌的风险。在上述案例中，只要阿辉觉得走路累了，就要爸爸背他，后来爸爸觉得背不动他了，想让他自己走，这时妈妈却站出来劝爸爸接着背阿辉，爸爸选择了妥协，没有对阿辉说"不"。表面上看起来，老袁和妻子是在牺牲自己满足阿辉，让阿辉过得更快乐，事实上他们是在满足自己的心理需求，他们不想被孩子讨厌。因为被自己辛辛苦苦抚养长大的孩子讨厌是一件非常痛苦的事情，每个父母都不想被自己的孩子讨厌，所以他们选择了不断满足孩子的要求，以此换取自己心理上的舒适。

教孩子学会进行自我约束是一件很困难的事情，例如做家务，每个孩子都不喜欢做家务，吃完饭就想去玩耍。当他的父母要求他去做家务的时候，他会不情愿，甚至是发火。和一个愤怒的孩子交谈、相处很费力、费事，很多父母觉得这还不如自己做家务轻松，于是放弃了教育孩子的机会。溺爱式的父母很享受溺爱孩子的过程，因为他们不会和孩子发生冲突，心里不会难受，孩子还很依赖自己。不管溺爱式的父母表现得多么富有牺牲精神，他们的溺爱都是最懒惰的教育方式，因为他们放弃了思考，让年幼的孩子来指挥，这对孩子的成长是极其不负责的。

在父母溺爱下长大的孩子往往会出现一些性格缺陷：无法独立、自卑、任性。

溺爱会使一个人对亲密关系产生严重依赖，从而导致他无法独立，必须时时刻刻与他人在一起，似乎只有得到对方的关注，才能证明自己的价值，通常他会将对父母的依赖转移到配偶或孩子身上。对于他的配偶和孩子而言，和一个以自我为中心的人相处是很痛苦的，因为他总是要求他人关注自己，却对他人的感受和需求视而不见。

在溺爱中长大的孩子，无论伪装得多么强大，还是会有很严重的自卑心理，因为他无法接受世界不以自己为中心这个事实。不过他通常不会接受自己的自卑，他自大的心理模式不允许自己接受这种自卑。

以自我为中心的人常常表现得自私自利，对他人缺乏同情心，只在乎自己的需求是否立刻得到了满足。他根本没有学会延迟满足，也就是说，一个人想要满足自己的需求，就必须付出一些时间和精力，需要靠自己的努力去实现愿望，甚至做出一些牺牲。但他已经养成了需求立刻得到满足，且不用付出努力的习惯。

永远无法被取悦的完美型父母

　　小梅曾海外留学，回国后在一家外企担任人力主管一职。小梅曾有过两段婚姻，第一任丈夫是一个外籍人士，对人十分体贴，但小梅总嫌弃他不够完美，觉得他中文说得不流利，赚钱也没她多，还缺乏阳刚之气。她觉得自己的丈夫应该不止体贴，还要英俊、会赚钱。后来，第一任丈夫实在无法忍受小梅的挑剔和过高的期望，最终离她而去。

　　离婚后，小梅和一个网球教练相识，他符合小梅对丈夫所有的期望，网球教练不仅高大英俊，还很会赚钱，小梅很快就和这个网球教练结婚了。刚开始，小梅觉得自己终于找到了可以陪伴自己一生的人，可不久后她就发现这个男人不够体贴。他每天都很忙，要工作到很晚才回家，陪伴小梅的时间非常有限。没过多久，小梅就开始和丈夫吵架，而她期望丈夫变得更完美的想法再次吓跑了这个男人。

　　之后，小梅独自一人带着两个女儿生活。她总觉得两个女儿不够完美，不停地给她们施加压力，希望她们变得更加出类拔萃。在外貌上，小梅总嫌弃女儿们长得不够漂亮，她让大女儿戴上牙箍矫正牙齿。当小梅注意到小女儿的脸上长出了雀斑时，就带着小女儿去咨询有关美容的事情。美容师告诉小梅，小孩子在生长发育的过程中很容易长雀斑，这是正常的现象，不用着急做美容，美容师建议小梅不要对女儿的外貌有过于严苛的要求。小梅不相信，她自己从来没有长过雀斑，所以她也不允许自己的女儿长雀斑。每当提起两个女儿时，小梅就会唉声叹气，她总觉得她们做得不够好，要么觉得大女儿考钢琴没过级，要么嫌弃小女儿不够聪明。

小梅对自己的要求也很严格，方方面面都要追求完美，例如外貌。小梅对自己的外貌很不满意，觉得自己脸上的各个部位都有毛病，为此小梅做过几次脸部整容手术，她希望自己变得更完美。

在小梅的影响下，两个女儿的性格变得很古怪。大女儿与小梅的关系非常紧张，总是容易发火，经常和小梅发生冲突，每次她都希望妈妈能听从自己的要求，否则她就会变得很愤怒，不过小梅几乎没有妥协过，任由大女儿发脾气。小女儿变得很内向，不爱和人说话，对自己的外貌非常在意。有一次小女儿觉得自己的发型很难看，于是躲在沙发后面自己用剪刀将头发剪掉了。当她脸上长出雀斑后，她变得更加内向，每当和人说话时，她都会用手将自己的脸捂起来，不想让对方看到她的雀斑。

小梅也发现了两个女儿的行为很古怪，例如她们做事经常拖拖拉拉的，效率极低。当小梅问她们为什么时，她们回答说只是为了做得更完美一些，这样妈妈才会满意。小梅开始担心女儿们的心理状况，她悄悄去咨询了心理医生，对方告诉小梅，女儿在她的影响下已经有了强迫症的倾向。

追求完美的人都有强迫症的倾向，当一个完美型性格的人成为父母后，他会将追求完美的期望放在孩子身上。完美型的人通常要求比较高，因此他的期望值也会很高，当他自己、伴侣、孩子达不到自己的期望时，他就会变得很失望，甚至会一蹶不振，需要很长一段时间才能恢复。他总是在追求完美，害怕出错，所以他会变得小心翼翼，唯恐出错。他还会要求其他人像自己一样追求完美，一旦遭到拒绝，就会觉得自己受到了伤害。

　　一个完美型性格的母亲，通常会显得很拘谨、刻板，为了追求完美，经常给自己、伴侣和孩子制定一些过高的目标，甚至是不切实际的计划，当自己的伴侣或孩子无法达到自己所期望的那样时，她就会灰心丧气，认为自己的伴侣或孩子是一个没用的人。这会导致夫妻关系不和谐，和孩子的关系也很紧张。例如上述案例中的小梅总以完美的标准去要求两任丈夫，两任丈夫不堪压力，最后都远离了她，但她的两个女儿无法做到远离母亲，而且小梅又希望孩子和自己想象的一样完美，最后将孩子逼得出现了强迫症的倾向。

　　一个完美型性格的父亲，通常很严肃、性格固执、爱较真儿，难以相处。追求完美的他，做事时通常非常机械、效率低。当有了孩子后，他会对孩子抱有很高的期望，总觉得孩子不够努力、不够优秀，对孩子只会提要求，很少表现出关爱。

　　完美型性格的父母与孩子之间的关系通常很糟糕，因为他们期望孩子变得完美，这会给孩子带来巨大的压力，孩子为了逃避压力会主动远离父母。

　　电视剧《如懿传》中的富察皇后就是一个完美型性格的人，她要求自己做到尽善尽美，对孩子永琏的要求也很严格。和所有完美型性格的人一样，富察皇后挑剔、焦虑，经常向儿子永琏施压，强迫他将所有事情做到完美。永琏除了要承受巨大的心理压力外，还经常因完不成额娘给他制订的计划而被挫败感、自卑感所困扰。

　　从永琏开始上学后，富察皇后就开始向他施加各种压力："你是嫡子，你一定要用功读书，一定要让皇阿玛多看你一眼。"在各种高压下，永琏的身体开始出现问题，他经常生病，哮喘发作频繁。现代医学证明，哮喘属于心身疾病，心理状态不佳、压力大会刺激哮喘的发作。由此可见，永琏承受的压力有多大。

即使是生病，他也躲不开皇额娘的高压，只要病情稍有好转，皇额娘就会督促他研习功课。每天晚上，永琏都要强忍困意看书，一旦他睡着了，就会被富察皇后命令着到雪地里罚站，想以此让他的脑子清醒一点。

在完美型父母的影响下长大的孩子，会出现以下性格特点：不自信、敏感、自暴自弃、无法接受批评、自我价值感低、经常贬低自己。例如写作业这件事情，一般情况下孩子不会抵触写作业，这是他的功课。但如果他的父母是完美型的性格，那么父母通常会在孩子写作业时提很多要求，例如字迹要工整、题目要全做对，一旦孩子达不到要求，父母就会要求孩子重新写，甚至会责罚孩子。这样会严重打击孩子写作业的信心，孩子起初会反抗，如果反抗无效的话，他就会选择逃避。另外，完美型父母还会给孩子增加作业量，理由是老师留的作业不够多，加作业是为了让孩子取得更好的成绩。

此外，完美型性格的父母还很容易忽视孩子的情感需求，因为他们的主要精力放在了向孩子提要求、施压上，只顾着让孩子达到他想象中完美的样子，从而忽略了孩子的感受和情感需求。一个被父母忽视情感需求的孩子在长大后会成为一个在情感上很难与他人产生共鸣的人，因为他的情感能力是缺乏的，他不懂得爱自己，也不会爱别人。

通常来说，完美型父母所教育出来的孩子也会具有完美型的性格特征，起初他只是被父母的高期望所折磨，到后来他会用高期望来折磨自己，对自己要求非常苛刻，对同学或朋友也会产生过高的期望值，希望他们和自己想象中的一样完美，一旦发现了他们有不完美的地方，就会感到十分失望伤心，甚至会发脾气。

完美型性格对一个人的成长特别不利，随着年龄的增长，这种不利的

影响会越来越大，例如降低他的生活质量、幸福指数等，甚至会导致他产
生许多心理问题。例如小梅，她学历高、工作好，老公也很体贴，她本该
拥有一个幸福的人生，但完美型性格毁掉了她的幸福，她从不感到满足，
对生活和周围的人充满了挑剔，从而导致两任丈夫都离开了她，女儿们与
她的关系也变得很紧张。

抑郁的黑洞会吞噬一切

5 岁的小强是一个性格乖顺、人见人爱的男孩，在幼儿园里深受老师、小朋友的喜爱。但最近一段时间，老师发现小强像变了一个人似的，他的脾气变得暴躁起来，经常烦躁、哭闹，一点小事不顺心就开始摔东西。以前小强很活泼，很喜欢和别的小朋友一起玩耍，但现在小强没有了以前的那种活泼劲儿，还总一个人待在角落里，低着头、不吭声，就算老师喊他，他也不理会。

小强的妈妈也注意到了儿子的异常。以前小强很喜欢去幼儿园，那里有小朋友陪他玩耍，现在她得哄着儿子去幼儿园。小强妈妈还发现，儿子的食欲也远不如从前，整天闷闷不乐，以前最爱看的动画片也不能让他开心了。

问题出在小强的父亲老王身上。老王今年 35 岁，每天都忙于工作，很少和妻子、孩子沟通感情。之前由于工作上的压力，老王开始变得闷闷不乐起来，回家时要么唉声叹气，说家里这不好那也不好，要么独自一人坐在沙发上发呆，皱着眉头、眼神空洞，好像妻子、儿子和他是毫不相干的人。面对丈夫的消极情绪，小强的妈妈也很生气，她觉得自己在家照顾孩子、做家务忙了一整天，本来就很累，希望丈夫下班回家后能高兴一点，可老王总是板着脸，还经常挑毛病，她自然也有怨气，于是经常和丈夫吵架。夫妻感情的不和谐，导致老王的抑郁情绪更加严重。

后来，每当老王和妻子吵架后，他就离家出走，过了好几天才回家。有时候，老王会在吵架后主动向妻子道歉，他说自己工作压力很大，心里很烦躁，看什么都不顺眼，所以总忍不住埋怨发火，不是有意的。但老王总是无法摆脱抑郁情绪，过几天后又会旧戏重演，夫妻两人经常因为一点儿小事吵得不可开交。不久之后，小强的性格开始出现变化，他不再活泼、乖顺，食欲开始下降，变得爱哭闹，拒绝去幼儿园，这给小强的妈妈带来了很大的困扰。

抑郁是一种非常折磨人的情绪状态，不仅会使当事人丧失对生活的热情，陷入无法摆脱的烦闷之中，还会给周围人带来消极的影响。试想，谁愿意和一个总是闷闷不乐的人待在一起呢？一个人开始变得抑郁时，他的热情就消失了，他的心理能量好像被这压抑的情绪给抽干了，从而导致他无力关心外在世界，反而将所有的注意力都集中在自己身上，因为他缺乏应对周遭世界的精力，无法付出更多，哪怕是对自己的孩子。

抑郁者几乎不会参与家庭生活，家人对他而言就是可有可无的存在，甚至说是压力的来源。如果家人强迫抑郁者参与到家庭生活中，那么抑郁者就会像上述案例中的老王一样，变得易怒、挑剔、闷闷不乐。这常常会惹恼家人，从而导致双方产生冲突。如果父母陷入抑郁情绪中，孩子则会经常感受不到父母的存在，不论他表现得如何优秀，都无法得到父母的关注，于是他可能会选择故意发脾气、闯祸，以得到父母的关注。

如果父母长期处于抑郁的状态中，那他们的孩子就会有很高的失控风险。因为父母本身对自己的情绪和行为没有足够的控制力，很少会向孩子提供安慰或鼓励，所以他们的孩子往往不懂得如何自我抚慰，很容易被一些困难压垮，到了青春期就非常容易做出各种叛逆行为。

抑郁型性格的人会常年压抑自己的情绪，很少体会到快乐的感受。生活对他来说充满了压力，他对未来的生活也充满了忧虑。我们很少在抑郁型性格的人脸上看到笑容，每当他准备表露自己的情绪时，就意味着他的情绪要失控了，他无法压抑自己的情绪了。

抑郁型的父母会以冷漠或烦躁的态度对待孩子，这样的家庭环境缺乏温暖，会使孩子想要逃避，不愿回家。

曼彻斯特大学的心理学教授埃德·特洛尼克设计过一个"静止脸实验"。实验中，被试母亲按照特洛尼克的要求和孩子互动，孩子显得很开心。然后，母亲按照特洛尼克的要求一直保持静止脸，不论孩子怎么做，母亲都像没看见似的毫无表情，显得很冷漠。

刚开始，孩子敏锐地觉察到了母亲的不对劲，他开始用微笑等友好性的动作与母亲互动，希望引起母亲的注意，并得到母亲的积极回应，可母亲依旧是静止脸。之后，受挫的孩子会继续尝试着与母亲互动，但母亲依旧面无表情，最终孩子忍不住崩溃大哭起来。

抑郁型的父母就像"静止脸实验"中的母亲一样，几乎不与孩子进行积极的互动，显得很冷漠。在实验中，即使是母亲一小会儿的冷漠都会使孩子崩溃大哭，更别提现实生活中和抑郁型父母长久生活在一起的孩子了，他们的日子该有多痛苦！

当父亲拥有抑郁型性格时，他会将自己封闭起来，尽可能不与他人产生交流，还很容易生闷气。生活中的一切都会让他觉得沮丧，周围的人也总是让他感到失望，每当出现偶然性的失控事件时，他都会情绪失控，并将所有的错误都推卸给他人。例如上述案例中的老王，他很容易对妻子、儿子感到不满，经常对家人挑毛病。在面对孩子时，抑郁型父亲的态度通常很粗暴，容易动手打孩子，可他很快就会后悔并道歉，但并不会改正，在情绪暴发时又会粗暴地对待孩子，循环往复。

当母亲拥有抑郁型性格时，她会表现得非常悲观，经常哭泣，对一切事物都失去了兴趣，认为自己的人生已经完全失去了希望。在对待孩子的态度上，抑郁型母亲容易走极端，要么表现得很冷漠，什么也不管；要么会严格要求孩子，并且不允许孩子犯错，否则她就会特别生气。

刘女士是个单亲妈妈，在女儿慧慧 2 岁时，她就和丈夫离婚了。刘女士的性格本就内向，由于一直无法走出离婚的阴影，她变得越来越内向，不爱与人交流。她一个人带着女儿生活，又要工作又要持家，心理压力非常大，因此她的性格也变得越来越抑郁。

在女儿的教育上，刘女士的期望值特别高，她想让女儿练好钢琴，于是就花重金为慧慧请了一个钢琴教师，还要求女儿每天练琴 6 个小时以上。每当慧慧反抗，或者拒绝听妈妈的话时，刘女士就会对女儿的未来更加悲观，并用一些难听的话嘲讽女儿，打击她的自尊心。

被妈妈伤了自尊的慧慧，不再理会妈妈，她不主动和妈妈说话，妈妈也不会和她沟通，母女二人明明在一起生活，有时一个月都说不上一句话，好像是两个完全不认识的陌生人。刘女士不仅没有反思自己的教育方式，反而对女儿更加失望，于是她开始采用更加冷漠的方式对待女儿，每天下班都在外面吃了晚饭才回家，慧慧只能自己做一日三餐。妈妈这种不管不问的态度让慧慧非常伤心和失望，她与妈妈之间的隔阂越来越深，两人经常因为一些琐事争吵。

于是，刘女士和女儿慧慧每天都生活在消极情绪中，她们变得更加内向。不与他人沟通，消极情绪没有合理的途径宣泄出去，只能积攒下来转为内向攻击，她们开始谴责自己、怀疑自己，变得越来越抑郁。刘女士出现了失眠、精神恍惚的症状。慧慧则变得越来越悲观，经常忍不住哭泣、情绪低落，对什么都提不起兴趣，学习成绩也越来越差。

后来慧慧因情绪抑郁，试图割腕自杀，幸好刘女士及时发现并将她送进医院，慧慧的生命才被抢救回来。之后，慧慧又陆续出现了几次自杀行为，如吞服安眠药、将窗帘点燃等，不过都被刘女士及时救了下来。自从发现女儿的自杀行为后，刘女士就一直关注着女儿，唯恐她再次自杀，同时她也开始反思自己的教育方式，并带着女儿找到专业的心理机构进行咨询。心理医生告诉刘女士，她和慧慧都表现出了抑郁症的症状，只是刘女士的症状比较轻微，慧慧则比较严重。

抑郁就好像黑洞，具有强大的吞噬力。它不仅会吞噬掉抑郁者的能量，使抑郁者丧失对生活的热情，还会吞噬他周围的人，使周围的人也变得抑郁起来。调查研究显示，抑郁型的父母很容易养出抑郁型的孩子。

林恩·默里教授对 100 名母亲进行了 16 年的跟踪调查，其中有 58 名母亲出现了产后抑郁的症状。当这 100 名母亲的孩子长到 18 个月、5 岁、8 岁、13 岁和 16 岁时，默里会对这些母亲与其孩子的精神状况进行测验，以观察母亲的抑郁情绪是否会影响孩子。通过调查研究，默里发现如果母亲患有抑郁症，那么孩子将来患有抑郁症的概率将会大大增加。

如果抑郁型的父母知道自己有抑郁的倾向，并主动让自己变得更积极、阳光，或者找专业的心理机构进行咨询、治疗，那么他的抑郁情绪还是可控的，对孩子的影响还不算大。最危险的是那些隐性抑郁的父母，他们不知道自己为什么不快乐，也不寻求做出改变，只会放任自己的抑郁情绪影响身边的人，更容易让孩子变得和自己一样抑郁。

第三章

醋桶里，泡不出甜黄瓜——情境的影响

被浪潮席卷的个性

2008 年，德国上映了一部法西斯主义在一个现代校园里死灰复燃的电影——《浪潮》。在电影中，德国某所高中的老师文格尔在给学生讲独裁统治的课程时，为了让一群散漫的学生更好地理解独裁统治，就提出要进行一个实验。在接下来的一周内，文格尔扮演一名独裁者的角色，学生则必须服从他的命令。

最初文格尔为了严明纪律，让学生们在课堂上一起跺脚以便统一步伐，之后文格尔开始统一服饰、标志、手势。他要求班上所有的学生都穿上白衬衫，白衬衫就是他们的制服；他还提出了铿锵有力的口号，制定了严格的纪律，要求所有人绝对服从。他从未提出任何过分的命令，学生们却莫名陷入一种自豪感中，很快他们就凝聚成一个新团体，每天精神抖擞地穿着白衬衫上学，还相互监督，并将这个团体命名为"浪潮"，他们还为这个团体设计了一个标志性的动作：手臂从右往左，划出一个波浪状的曲线。除此之外，他们自觉地进行消灭个性的行动，凡是不参与他们团体活动的人，都被视为异类排除在团体之外。一些学生尽管并不认可这个团体，也会迫于集体的压力参与班级活动。

为了扩大团体，班上的学生开始用发传单、印贴纸的宣传方式拉拢新的成员，他们完全没有意识到自己的行为越来越激进。仅仅 5 天的时间，这个团体就由最初的 20 人发展成了 200 人。

班上一个名叫卡罗的女孩最先意识到了不对劲，她觉得同学们的行为太激进了，就想通过印发传单的方式来抵制"浪潮"运动。一天晚上，卡罗在学校的文印室里打字的时候，突然断电了，文印室一下子陷入了漆黑之中。这时卡罗听到了异样的声响，她害怕遭到"浪潮"团体成员的为难，只能立刻逃走。

卡罗的男朋友马尔科在"浪潮"运动中渐渐迷失了自我，他和卡罗的关系变得越来越疏远。两人在争论的时候，马尔科忍不住给了女朋友一个耳光，这让卡罗十分震惊和伤心，两人之前的关系非常亲密，结果马尔科却因为一场教学实验对自己动手。后来，马尔科和团体中的一名女孩走得越来越近，两人还差一点发生了性关系。幸好马尔科及时醒悟，感觉到了"浪潮"运动的恐怖，于是他专门找到文格尔老师，请求赶紧终止这一切："这所谓的纪律性不过是法西斯主义的那一套。"

文格尔也意识到了这场实验的可怕，而且他感觉实验已经超出了自己的可控范围，他害怕自己也会迷失其中，于是就决定终止实验。他给每个"浪潮"成员发短信，通知他们自己要进行一场演讲。通过演讲，文格尔将大部分学生都拉回了现实，但有一位学生蒂姆却拒绝接受现实。

蒂姆是陷入这场"浪潮"运动中最深的人。蒂姆来自一个富裕的家庭，但从小不受父亲喜爱。在学校里，蒂姆也是一个不受欢迎的人，还被同学起了一个"软脚虾"的外号，为了讨好和融入同学们，蒂姆极力满足一些同学的要求，哪怕是非法要求，可他们依旧看不起蒂姆。自从参加"浪潮"运动以来，蒂姆在班里的地位迅速改变，他在老师的课堂上积极回答问题，得到了老师的称赞，这给了他很大的自信。而且身为"浪潮"团体的一员，蒂姆还得到了团体的庇护，让他免遭不良青年的欺负。自从"浪潮"运动开始后，蒂姆就烧掉了自己所有的衣服，唯独留下了白衬衫，他还特意爬上很高的建筑，将"浪潮"的标志贴在上面。

蒂姆十分崇拜文格尔老师，就自告奋勇要做老师的保镖，文格尔答应了他。当文格尔告诉大家"浪潮"运动结束的时候，蒂姆无法接受这个结果，失控之下他开枪杀死了一个同学，然后举枪自杀。

电影《浪潮》取材于一个真实事件，该事件发生在 1967 年，在美国加利福尼亚州帕罗奥图市的一所高中内。只是真实事件并未像电影中那样造成重大的负面影响，策划实验的人是一名历史老师，名叫罗恩·琼斯，他在讲到德国"二战"时期那段历史的时候，学生们提出了很多问题，例如为什么德国民众会声称他们对屠杀犹太人的事情毫不知情？为什么镇上的人们都说他们根本不知道集中营、大屠杀这些事情？为什么那些被屠杀的犹太人的德国邻居或好朋友都说他们根本不知道犹太好友或邻居被捕了？这些问题难住了罗恩，他花了一个星期的时间好好研究了学生所提出的问题，并决定进行一场实验来回答他们的问题。

第一天，罗恩决定让所有的学生严格遵守纪律，并告诉学生人类的伟大之处就在于遵守纪律，自律意味着自我控制和高度的意志力，是人们战胜困难的支撑。为了让学生体会到遵守纪律的重要性，罗恩要求所有学生练习一种新的坐姿：双脚平放在地面上，双手放在背后，腰背挺直。罗恩告诉学生，这是一种有利于提神的姿势，他还要求大家要严格按照新坐姿的标准去做。此外，罗恩还要求所有学生在进入教室时不能发出一点儿声响，他还对学生一一进行了训练。

很快，学生们轻易接受了罗恩的这两项规定，罗恩在惊讶的同时，决定继续宣布新的纪律。他要求所有的学生在上课时必须随身携带笔记本以做记录；在提问题或回答问题之前，必须说一句"琼斯阁下"；回答问题时要做到简明扼要，最好在 3 个字以内。学生们没有质疑这些要求，严格遵守了新纪律。

第二天，当罗恩走进教室的时候，立刻发现了自己前一天训练的成效，所有的学生都很安静，而且按照他所规定的坐姿坐在自己的位置上。按照计划，今天罗恩决定对学生们进行团结训练，他要让学生们凝成一股绳。

首先罗恩开始讲述团结的意义，并附加了一个故事来说明，最后罗恩在黑板上写下了两句口号。在快要下课时，罗恩感觉到了班级氛围的变化，学生们似乎有了很强烈的集体归属感。最后罗恩告诉大家，他们的这次行动被称为"第三浪潮"，他还创造了一个敬礼的手势，右手做波浪状，并规定所有成员只要见面都要相互做出这个手势以示行礼。学生们照做了，他们走出教室后在见面时都会相互做出波浪手势。很快，其他班的学生都注意到了这个奇怪的敬礼动作，甚至在整个小镇都引起了关注，许多学生开始询问自己是否可以加入这个班。

第三天，罗恩带来了一些卡片，他告诉学生们这是会员卡，想要继续留下来参加实验的学生就可以得到一张会员卡，结果所有的学生都表示自己愿意留下来。罗恩在发放会员卡的时候，发现教室里学生的数量从之前的 30 个人变成了 43 个人，原来那 13 名学生是从其他班跑来的，他们主动表示想加入这个班级。

在所有的卡片中，有 3 张卡片罗恩用红笔标出了一个 X 形，他告诉学生凡是收到标着红色 X 形卡片的学生要主动承担起监督同学的任务，发现同学有违反纪律的行为，就要向老师报告。不过罗恩并没有说到底有谁拿到了 X 卡片，也没有说有多少人拿到了 X 卡片。

之后罗恩开始讲述实践的重要性，他告诉学生们，任何的纪律、团结都需要借助实践的力量，否则将毫无价值。此外罗恩还特意强调了勤奋、努力的重要性。接下来，罗恩在讲课的时候学生们都表现得很认真，还纷纷表示学到了很多东西，觉得罗恩的课讲得很有意义，希望罗恩能一直这样教下去。但事实上，罗恩故意采用了十分枯燥的讲课方式，他觉得一定会有学生感到厌烦，没想到学生们已经到了愿意接受老师所有安排的地步，甚至连枯燥的课程也觉得舒适、受用。

为了进一步试探学生们的底线，罗恩开始指派任务，例如让某学生设计一个"第三浪潮"的标志；某学生负责阻止其他外来成员进入这个教室；某学生必须在一天内将所有成员的名字和家庭住址记住；某学生必须成功到附近一所小学中训练 20 名小学生采用"正确"的坐姿。结果，这些学生全部照做了，他们严格遵守了罗恩所下达的所有命令。

为了使整个团体得到扩大，罗恩命令每个成员说服一个人加入这个团体中，并且这个人必须是这个成员觉得足够可靠的。接下来，罗恩制定了吸纳新成员的规则：任何人想要加入这个团体，必须得经过老会员的介绍；然后罗恩会发给申请者一张会员卡；最后申请者必须复述出团体的纪律并且宣誓会严格遵守团体纪律。只有这样，申请者才能成为这个团体的真正会员。

渐渐地，罗恩开始意识到事态失控了，"第三浪潮"团体在学校的影响力越来越大，受到了全校的关注，甚至连校长在遇到罗恩时都做出了一个浪潮的手势。罗恩在去学校食堂吃饭时，厨子都忍不住问罗恩"第三浪潮"的饼干是什么样子的，罗恩告诉他就是普通的巧克力饼干。

在第三天快过去的时候，罗恩发现"第三浪潮"的团体成员已经超过了 200 个学生，他开始感到害怕。最让他震惊的是，仅仅这一天居然有 20 个学生跑来向他打报告，告诉他某学生违反纪律，事实上罗恩只派了 3 名学生进行监督。

这天，有一名学生的家长找到了罗恩，他从女儿那里得知了"第三浪潮"团体。女儿对这个团体很忧心，她不大喜欢这个团体，却不得不迫于集体的压力参与其中，不过班上的活动她几乎不参与。事实上，班里有 3 名女生对这次实验不太热情，她们之前的学习成绩很好，经常得到老师的夸奖，可自从实验开始后，她们的好成绩就在"平权主义"的浪潮下"磨平"了，成绩变得不再重要。

面对家长的质疑，罗恩告诉他自己只是在进行一项实验，希望学生们能够通过这项实验了解到"二战"时期德国的一些过激行为。家长一听觉得很有意思，随即表示不再追究，还会跟其他家长说明，让罗恩不要担心家长方面的问题。

电影《浪潮》中，蒂姆的原型是一个名叫罗伯特的学生。在实验开始前，罗伯特几乎没有朋友，经常独来独往，即使午饭也是一个人独自在教室里吃。在实验开始后，罗伯特的生活一下子就被改变了，他成了"第三浪潮"团体中的一员，他和大家一样平等，并且得到了其他成员的庇护。

罗恩在实验开始后的第三天下午注意到了罗伯特，他发现罗伯特在跟踪自己，于是就问他想干什么。罗伯特说，他想成为罗恩老师的保镖，他担心有什么危险的事情发生。于是罗伯特成了罗恩的保镖，伴随在罗恩身边，总是站在罗恩的右边，在遇到其他成员时罗伯特会微笑着和他们行"浪潮礼"。当罗恩去参加教职工会议的时候，罗伯特也会跟着他，他跟其他老师解释说，自己并非学生而是保镖。

这一天对罗恩来说过得筋疲力尽，他觉得实验已经失控了，他根本不知道学生们接下来会做些什么。他决定阻止事态的进一步失控，提前结束"第三浪潮"实验。

第四天，罗恩想到一个终结"浪潮"活动的办法。在上课时，罗恩告诉学生们"第三浪潮"并非他策划的实验，而是一次全美范围内的有预谋的大型运动，旨在选拔一个优秀的年轻人，让他们来完成国家的政治改革计划，全美其他高中的老师也在组织这样的活动。

罗恩还告诉大家，"第三浪潮"运动的目的是改变整个美国的面貌，让社会变得更美好，学生们能从这次运动中学习到遵守纪律、团结的重要性，从而改变学校的运作方式。这样一来，工厂、商店、大学和其他任何机构的运作方式也会随之发生改变。

最后罗恩表示，他会在周五进行一次集会，地点就在学校的小礼堂中，他希望全体成员都能到场，一起通过电视目睹美国的这一历史性事件——总统候选人会召开新闻发布会，并在会上正式宣布"第三浪潮"运动的存在。

第五天，罗恩为了让集会更庄重、逼真，专门请来了几位朋友，让他们拿着相机，打扮成记者的样子。集会开始前，罗恩将所有的灯都关掉，然后打开了电视。这时，所有人的注意力都集中在电视上，希望能见证历史性的一刻。但电视上没有画面，只有雪花。两分钟后，开始有人议论，安静的人群中出现了骚动，大家纷纷议论总统候选人为什么还不出现。

这时，罗恩走上了讲台，他将电视关掉后开始讲话："安静，大家听好，我现在有一件很重要的事情要告诉你们。其实并没有什么总统候选人，'第三浪潮'运动也根本就不存在。"之后罗恩讲起了"二战"时德国的历史，他开始一一回答学生们之前所提出的问题。最后，罗恩播放了一段纳粹德国的真实影像。看到影像中那些疯狂追随希特勒的人群时，学生们才幡然醒悟，原来仅仅不到一周的时间，法西斯主义就在他们身上复活了。

与电影《浪潮》不同，罗恩所策划的浪潮实验并未带来重大的负面影响，作为蒂姆原型的罗伯特也并未做出杀人和自杀的过激行为。罗恩及时制止了"浪潮运动"，学生们在罗恩的指导下都恢复了往日的正常生活。

1981年，德国作家托德·斯特拉瑟根据这一事件撰写了一部小说，2008年，德国导演丹尼斯·甘塞尔接触到了这本小说，决定将小说拍成电影，于是电影《浪潮》上映了。

当我们作为一个旁观者来看待电影《浪潮》和罗恩所进行的"浪潮实验"时，通常会觉得那群学生就是一群乌合之众，他们的智商和理智好像集体"下线"了，看不到事实，只听从罗恩这个老师所下达的命令，并对罗恩产生了不可思议的崇拜之情。这是因为当一个人身处某个团体之中且想要融入这个团体的时候，他的心理和行为都会发生变化，会为了从众，改变自己的某些特点，给人一种好像变了一个人一样的感觉。

群体心理学的创始人古斯塔夫·勒庞认为，一个人一旦成为某个群体中的一员，他的智商就会严重降低，会为了获得群体的认同，而抛弃个人意愿，丧失辨别是非的能力，只为获得那份让人倍感安全的归属感。例如罗恩明明用很枯燥的方式讲了一节课，他本以为学生会提出抗议，但他们都接受了，反而觉得罗恩的课讲得很好。这其中除了罗恩这个"独裁者"在起作用外，更重要的是团体的作用，学生们对"浪潮"这个团体产生了非常强烈的认同感，在这个团体之中，每个个体为了保持和其他成员的一致性，必须放弃自己的自主性，他们的个性已经完全被"浪潮"席卷了，只剩下为了留在团体中而做出的附和。

不论蒂姆还是罗伯特，当他是一个个体时，他缺乏自信，几乎没有朋友，被同学们排挤。但在"浪潮实验"开始后，他们好像变了一个人似的，充满了自信，还毛遂自荐成了团体领导人——老师的保镖。蒂姆、罗伯特的自信从何而来？就是借由"浪潮"这个团体而来的。一旦一个人成为某个团体的一员，并且在这个团体中充满了自豪感，那么团体中的每个个体都会充满自信，哪怕他原先是一个胆小、孤僻的人。但这种借助团体所获得的自信很容易被击溃，例如蒂姆在"浪潮实验"结束后，就因自信的坍塌而做出了过激行为。

借助团体而获得的自信会使一个人变得盲目，被自信冲昏头脑，他觉得团体会给自己提供庇护，他相信自己是一个足够优秀、足够自信的人，因此他很容易出现排外的过激行为，并将这种行为视为正义。

在群体这样的情境中，哪怕是一个十分理智的人也会变得情绪化。日常生活中，我们每个人都会对自己的情绪具有一定的掌控力，否则我们就会因为经常性的情绪化而陷入失控，将生活弄得一团糟。在群体中，情绪化十分常见，所产生的破坏作用也远大于个人情绪失控。集体的情绪失控如同开了闸的洪水一样，会产生难以想象的破坏，通常会演变成暴力事件。

一个群体想要行动，就必须依靠情绪化来实现。在情绪化的影响下，群体中的每个个人不再理智，他们看不到事实，也不在乎事实是什么，只有等到行动结束后，他们的理智才能一点一点地恢复。例如在电影《浪潮》中，马尔科与女友卡罗本是一对非常恩爱的情侣，但在"浪潮"团体的影响下，马尔科无法保持理智，他会因卡罗的反对而对她动手，这是他以前根本不可能做出的行为，他一直都很绅士。试想，如果和卡罗发生争执的不是马尔科一个人，而是"浪潮"这个团体，那么卡罗就会面临着非常危险的局面，失控的人群可能会对她的人身安全造成威胁，其实卡罗在文印室印制传单来抵制"浪潮"运动时，就曾遭受过人身安全的威胁，幸亏当时她迅速离开了现场。

特定情境下，无法保持自我

美国心理学家菲利普·津巴多曾是斯坦福大学的心理学教授，担任过美国心理学会主席。他在纽约布朗克斯区长大，这是一个遍布贫民窟、暴力从生的地方，他的许多好朋友后来由于种种原因误入歧途，有的进了监狱，有的吸食毒品。从那时起，津巴多一直在思考一个问题——为什么好人会做坏事？在津巴多看来，他那些误入歧途的朋友都是好人，不应该做坏事。

人们总是习惯将这个世界划分出善恶黑白，认为善与恶之间存在固定的、不可逾越的界限。事实上，善恶之间并非泾渭分明，从善到恶的转变，通常取决于情境的力量，在某些特定情景中，善人会作恶，恶行结束之后又会变回善人。津巴多认为，在特定情境的影响下，好人会释放出内心的恶魔，做出一些坏事来。

津巴多所生活的贫民窟，充满了诱使人作恶的因素，例如毒品、帮派、暴力、有组织犯罪、诈骗等。在这样恶劣的情境下，人很容易跨越雷池，做一些自己根本想不到的恶行，从好人变成坏人。通常情况下，我们相信自己是好人，不会做出恶行，将恶行划分在界限的另一边，认为自己永远不会跨过这道界限。事实上，当身处一个诱使作恶的情境中时，我们极有可能会在不知不觉间跨过这道界限。为了验证自己的观点，津巴多设计了一项实验，也就是著名的斯坦福监狱实验。

斯坦福监狱实验影响深远，2001 年上映的德国影片《死亡实验》改编自马利奥·乔丹努的小说《黑盒子》，而故事的原型就是斯坦福监狱实验。2010 年上映的美国影片《叛狱风云》则是翻拍自《死亡实验》。在《叛狱风云》中，失业的主角在报纸上偶然发现了一则招聘启事，报酬丰厚，两周就可以获得 14000 美元。主角马上前去应聘，原来这是一次科学实验，实验的地点是州立监狱，参与实验的人要分别扮演囚犯和看守。大家本以为这是一场好玩的角色扮演游戏，可是，随着实验的展开，事情逐步朝着失控的方向发展。

而真实的斯坦福监狱实验则是这样的。津巴多和他的助手在报纸上刊登了一则广告，招聘一些自愿参加实验的人，一天的报酬是 15 美元。津巴多一共招聘了 72 名来自美国各地的学生，之后津巴多等人对这些学生进行了访谈和人格测试，从中挑选出了 24 名学生。这些学生都通过了人格测验，他们都是正常的、心理健康的学生。之后他们被随机分成两组，其中 9 名学生扮演监狱中"囚犯"的角色，9 名学生扮演"看守"的角色，剩下的 6 名学生作为候补，津巴多则扮演监狱长的角色。

实验场地就在斯坦福大学心理系大楼的地下室中，津巴多将地下室中的一些房间和走廊改造成了监狱的模样，将每间牢房改为竖栏式结构并配有单独的牢房号码。这里和真正的监狱十分相像，没有阳光照射，只有无尽的幽暗与潮湿。

为了真实地模拟监狱场景，9 名扮演囚犯的学生在未被告知的情况下，被"警察"从住处抓捕到车上，"警察"还对他们进行了搜身，最后给他们戴上手铐、牛皮纸头套，然后被押送到"斯坦福监狱"。津巴多为了使斯坦福监狱更真实，还设计了父母探望日，会安排天主教神父、公设辩护人出现在监狱里。这一切设计，都给人一种这就是一座真正的监狱的感觉。

扮演囚犯的学生按照津巴多的要求脱掉身上所有的衣服，身上涂上除虱药粉，然后穿上像连衣裙一样的囚服，头戴丝袜且不能穿底裤，最后他们被告知要用编号代替之前的名字，手上和脚上还被戴上了铁链。津巴多对他们说："你们现在所扮演的角色是囚犯，希望你们能有一定的心理准备，在这里你们的部分人权可能会遭到侵犯。"

扮演看守角色的学生，会按照要求穿上警服并佩戴黑色不反光的墨镜以及警棍，这副装扮会增加看守的威严感。之后津巴多对看守说："在这里，你们和真实狱警一样拥有管理囚犯的权力，比如按照正常程序对囚犯进行裸体搜身。但是你们不能用暴力的手段对待囚犯，你们只需要扮演好看守的角色，维护好监狱内的秩序即可。"

刚开始，看守和囚犯都还没有完全进入自己的角色，他们只觉得这是一次为期两周的角色扮演，双方之间的关系也很微妙，显得有些尴尬。后来开始有囚犯挑战看守的权威，例如将自己囚服上的编号撕掉，无视看守所下达的命令，甚至嘲讽、谩骂看守。

眼看着监狱秩序开始变得混乱，看守们一下子变得手足无措，于是就向监狱长津巴多请教该怎么做。津巴多告诉他们："这是你们自己应该学会解决的问题，不要忘了，你们的任务就是维护监狱的秩序。"

于是，看守们开始采取一些手段来镇压不听话的囚犯，并对违反秩序的囚犯进行惩罚。看守们会半夜强迫囚犯起来，然后命令他们排队，惩罚他们做俯卧撑，有的看守甚至会骑在正在做俯卧撑的囚犯身上，说是为了增加惩罚力度。后来看守们想出了五花八门的惩罚手段，例如脱光衣服、关禁闭、没收枕头或被褥、取消伙食、剥夺睡眠、用手清洗马桶。

后来，看守们为了更好地管理囚犯，决定采取心理上的分化策略。他们先将3个表现不错的囚犯单独关押在一个隔间里，给他们提供更好的牢房和伙食，半天后将他们放回；然后带走 3 个带头反抗的囚犯，将他们放到隔间里，折磨他们。这样一来，囚犯之间就会相互猜疑，并认为只有告密才能得到好处，囚犯们就不会团结起来一致对抗看守了。

就在实验进行到第 36 个小时的时候，一名囚犯因不堪忍受折磨，精神状态濒临崩溃，他开始出现哭泣、咒骂等各种歇斯底里病的症状，他向津巴多提出自己要提前退出实验。这名囚犯的编号是 8612，他在第一天进入监狱时，领头破坏监狱的秩序，因此遭到了看守们的"特别照顾"。

这远远出乎津巴多的预料，按照计划，实验本应该进行两周，他最先考虑到的不是 8612 的精神状态，而是如何将实验继续下去，他觉得如果 8612 被批准退出实验，那么就会有更多的囚犯选择退出，那样实验将无法进行下去。于是，他对 8612 说："我希望你能回到监狱，做我们的眼线，向我们提供更多囚犯的信息，作为回报，我可以保证监狱的看守不会再折磨你，还会给你很好的待遇。"后来当津巴多回忆起这个插曲时说："8612 的心理未免太脆弱了，实验才进行了一天多，他怎么那么快就不堪忍受想退出实验？我的实验可是要进行两周啊。"

当囚犯们看到 8612 重新回到监狱时，他们的希望瞬间破灭，他们开始意识到自己无法主动退出这场实验。一天晚上，津巴多的一名研究生在值夜班时，8612 再次向他提出了想要退出实验。他注意到 8612 的精神状态十分糟糕，在经过一番心理挣扎后，他决定同意 8612 的要求，尽管这个决定可能会使这次实验的所有心血付诸东流。当津巴多得知这个消息后，立刻找到这名研究生并质问他为什么要这么做，当得知他的想法后，还是同意了他的决定。之后津巴多从 6 名候选者中挑出了一名学生，让他填补 8612 的空缺，他的编号是 416。

416 和其他囚犯形成了强烈的反差，那些囚犯在看守的惩罚下变得异常顺从，如同行尸走肉，但 416 由于刚来到监狱，没有见识过看守们的手段，所以反叛意识十分强烈，总是挑战看守们的权威。为了惩罚这个反叛者，看守门想出了一个新的折磨人的方式——如果 416 再违反秩序，就禁止所有囚犯上厕所，于是牢房的环境变得更加糟糕，臭气熏天，如同猪圈。最诡异的是，416 这个最正常的人被囚犯和看守们联合孤立起来，他的反抗使自己成了斯坦福监狱里的异类。所有人都进入了津巴多给他们安排的角色中，看守们享受着狱警的权力，随意惩罚甚至虐待囚犯，而囚犯们一直在忍受，不论看守还是囚犯，都没有想过终止这项实验。

一名真正的典狱长在津巴多的邀请下参观了斯坦福监狱，在接触了所有囚犯的情况后他对津巴多说："这些学生的反应和首次坐牢的囚犯十分相似。"除此之外，津巴多还相继邀请了 100 多个外来探监者，有心理学系的学生，也有被试的父母或朋友。奇怪的是，当这些探监者看到囚犯们的糟糕状况后，并未想过终止实验，直到一名年轻女士的到来，此时实验已经进行到了第 6 天。她是斯坦福大学心理学专业的一名博士，同时也是津巴多的女友，名叫克里斯蒂娜。

起初，克里斯蒂娜对这座监狱的印象很好，接待她的看守表现得十分友好、礼貌。到了晚上，当克里斯蒂娜看到看守们如何惩罚、折磨囚犯的时候，她被眼前残忍的景象吓住了。在离开实验现场后，克里斯蒂娜愤怒且恐惧地对津巴多说："如此残酷的场景让我有一种深深的无力感！你难道不觉得自己对那些男孩做的事情太过分了吗？这些人并不是真正的囚犯和狱警，只是普通的男孩。你对他们身上所发生的一切都具有不可推卸的责任，你失控了，你不再是一个实验组织者，你变成了名副其实的监狱长。"

克里斯蒂娜的指责让津巴多很意外，他很快反应过来，并开始为自己辩解，最终两人激烈地争吵起来。津巴多觉得克里斯蒂娜不理解自己，而克里斯蒂娜则觉得津巴多是一个冷酷的人，她无法继续和一个冷酷的人维持亲密关系。

津巴多冷静下来后开始反省："这只是一场模拟实验，怎么就变成了一座真正的监狱，甚至成了一个疯狂折磨人的地方？"最终津巴多决定提前结束实验，他立刻觉得如释重负，他与克里斯蒂娜的关系也得到了缓和。

克里斯蒂娜一直在思考，如果自己作为一个参与者而非一个旁观者，是否也会像津巴多一样疯狂？她觉得如果自己从一开始就参加了这项实验，她很有可能会像津巴多一样，渐渐适应和习惯实验中所发生的一切，并进入自己的角色，将一切不合理的现象视为正常。

实验开始前，所有被试之间没有什么差异，他们都是积极、乐观的学生，没有人相信他们会做出虐待他人的恶行。但当实验进行到一周左右的时候，不论是囚犯还是看守，都逐渐进入各自所扮演的角色中，他们之间的差异也越来越大，看守成了施暴者，会变着花样折磨囚犯，而囚犯从最初的反抗变成了默默忍受。

在实验结束后，扮演看守和囚犯的学生之间依旧存在着一种无法化解的对立乃至仇恨情绪。当他们在津巴多的邀请下，坐在一起讨论参加这次实验的感受时，津巴多明显感受到了双方的对立情绪，最终这场探讨会变成了激烈的对质与声讨。津巴多只能单独对他们进行访问，并对他们进行问卷调查。囚犯们对待津巴多的态度并不友好，他们觉得津巴多是斯坦福监狱的制造者，根本不可信，自然也不会配合津巴多的工作。

津巴多认为斯坦福监狱实验的结果可以充分证明，人很容易受到情境的影响而作恶。在一种特殊的情境下，不论将谁放进去，他都会发生改变。就像将一个甜黄瓜放进醋桶里，在醋桶这个特殊的环境下，甜黄瓜将无法保持自身的甜性，只能随着环境而改变为酸黄瓜。

在斯坦福监狱实验结束之后，津巴多为了探索心理学造福社会的途径，在加利福尼亚州的门洛帕克开办了一家"害羞诊所"，专门治疗成人和儿童的害羞问题。

2004 年，津巴多作为专家证人出席了一场军事法庭的审判，为一名阿布格莱布监狱（中东监狱）的看守伊万·弗里德里克中士进行辩护。伊万被控告虐待囚犯，津巴多鉴于伊万所处的情境，认为判决应该从轻。津巴多认为伊万是一个身心健康的年轻人，没有表现出任何病理症状，只是特定的情境改变了他。如果不是身处该情境，伊万本该是一个正常、善良的人，在一个普通的小镇上过着正常人的生活，会是一位好丈夫、好父亲、好儿子，身边还会围绕着许多好朋友。

在此之前，津巴多做了大量准备工作，当然他也看了伊万等士兵虐待囚犯的照片，这些照片完全可以证明伊万虐待囚犯的行为。但津巴多在调查伊万身处的环境时发现，伊万每天承受着巨大的压力以及繁重的工作，他所处的监狱环境很糟糕，他和其他 7 名看守管理着一千多名犯人，而且每天都要值班 12 个小时，还需要连续工作 40 天才能休息，每天累了只能在监狱旁的狭小单间内休息。而且伊万和其他看守都没有得到过专业的训练和有效的监督。

津巴多认为，伊万的心理扭曲是受到特定情境的影响，哪怕这个情境中的一个因素得到改变，伊万都不会出现虐待囚犯的行为。例如如果上级在伊万值夜班的时候监督他，但上级领导根本不关心阿布格莱布监狱的情况。

在斯坦福监狱这个恶的情境下，一个人的人性价值会消失，自我认知会遭遇挑战，这最终使得一个身心健康的人的性格发生了转变。从看守的角度看，看守者开始沉溺在惩罚、折磨囚犯的快感中，在进入斯坦福监狱这个情境之前，他们绝对想不到自己会变成一个施暴者；囚犯们也发生了改变，他们之前有自主意识，并且会为了维护自身的利益而反抗，但后来他们变得顺从，对看守所提出的要求完全服从，开始沉默忍受一切，变得麻木不仁。

情境对一个人的影响，要远远大于我们的想象，情境会悄无声息地改变我们，而我们身处其中却不自知。在斯坦福监狱实验中，有一个看守觉得对囚犯施暴是不正确的，他从头到尾都没有参与到虐待囚犯的行为中，但他也没有制止，从始至终他都默许了其他看守的施暴行为。

这种默许、不作为也属于一种恶。通常情况下，我们会将关注点放在施暴者身上，觉得他们的所作所为才是恶行。却忽视了默许这种行为，其实不仅仅是在纵容恶行，也是在支持恶行的存在，正是这种默许使得恶行变得可以被接受。在斯坦福监狱实验中，沉默的看守只有一个，他的默许起不到重要作用，即使他真的站出来制止，也不见得会发挥什么作用，他甚至还可能遭到其他看守的孤立。那当沉默的不再是一个孤立的人，而是一个群体呢？那样沉默就会成为一种纵容恶行的特定情境，会有更多的人选择沉默，接受恶行，于是我们就会被这种默许恶行的情境所改变，只是我们身处其中，毫不自知。例如"二战"时期，一些德国人面对纳粹分子的屠杀行为选择了沉默，于是纳粹的行为愈加疯狂，最后发展到不可收拾的地步。

当然，像虐囚这种恶行距离我们的生活十分遥远，我们几乎不会接触到这样的情境。但类型的情境却很常见，例如校园暴力事件。

在校园环境中，会有各种各样的小团体，每个身处小团体的人都会受到团体的影响，会在不知不觉中随大流，以此避免自己被孤立。当团体传递正能量时，团体中的每个人都会向好的方面发展、改变，可如果团体传递出的是负能量，那么每个人也会受到负面的影响。在校园生活中，有时会有那么一两个同学，他们无法融入某个团体中，总是独来独往，似乎不受欢迎。这个被团体排挤在外的同学容易成为校园霸凌的受害者。当校园霸凌发生的时候，这个团体就会处于一种特定的情境中，这种情境会促使一些人成为加害者，但也会促使更多沉默者出现。沉默者将霸凌现象看在眼里，却无动于衷，他们明明知道受害者并未做错什么，但他们却在这种情境中选择了沉默，成了校园霸凌的从犯。他们虽然没有主动对他人施加伤害，却扮演了被动加害者的角色，默许加害者暴力行为的存在，甚至会协助、附和加害者。他们之所以这么做是因不敢挑战情境的力量，害怕一旦自己试图打破这种局面，会成为校园欺凌新的受害者。

津巴多认为，尽管我们的行为会受到各自性格的影响，但强大的情境会战胜性格的影响，从而导致一个人做出一些十分反常，甚至令人难以理解的行为，也就是说情境可以改变一个人。在校园欺凌事件中，所有人都会受到欺凌情境的影响，不管他是什么性格的人，尤其是当受害者只有一个人的时候，多数人甚至会将欺凌行为正当化，觉得受害者就应该被欺凌。这样只会使得欺凌行为越来越严重。

情境的影响无处不在，我们每天都会受到周围环境和人的影响。当一个人处在一种无所事事的情境中时，他就很难去努力，因为周围人都没有努力，无法给他带来积极向上的引导。他会开始思考自己为什么要努力呢？在思考过后很有可能会做出妥协，向情境妥协，对自己进行洗脑，让自己放弃努力，就跟情境中的大多数人一样。

我们都坚信自己能够坚守原则、自我，不被周围环境和人所影响，并且觉得自己与众不同。但大量的社会心理学研究显示，大多数的人会在特定情境的影响下，主动做出那些自己认为永远不会做的违反自我原则的事情。

我们习以为常的从众情境

电影《十二怒汉》是一部黑白电影，没有复杂的故事情节，且只有一个场景，却将每一个人物的心理展现得淋漓尽致。电影的主角是 12 个人，他们来自美国社会的各个阶层，身份、地位、成长环境截然不同。他们组成的陪审团正在辩论一桩谋杀案是否成立。谋杀案的被告是一名来自贫民窟的 18 岁少年，死者是他的父亲。这 12 名陪审团成员必须讨论出一致意见，即被告的谋杀罪名是否成立。如果成立，这名 18 岁的少年将会被送上电椅接受死刑；如果不成立，那么不成立的理由必须是基于对整个审判的推理、询问、证据、证言或程序产生的"合理怀疑"。

1 号陪审员，是陪审团的组织者、支持者，他的主要任务是负责提供资料、道具，负责制定规则和坚持执行规则。在讨论的过程中，1 号虽然闹过情绪，但依旧坚持执行规则。

2 号陪审员是一个很热心的人，一开场就给大家提供了润喉糖，这是他第一次参加陪审工作，没有自己的主见。后来随着讨论的深入，2 号开始坚守被告无罪的立场，并提供了关键线索，例如凶手拿刀的方式。

3 号陪审员一直坚持被告有罪的立场。他是一家通信公司的老板，同时有丰富的陪审经验，他的脾气火爆、大嗓门，给人一种自负、冲动的感觉。3 号一开始就将该案的所有证据罗列出来，除了证据外，还有两位证人的关键证词。一位老人证明，他听到了被告与父亲的争吵，还目击了被告的夺路而逃。另一位女士证明，她在街对面目击了整个凶杀过程。正因为这些证据、证词，导致一开始所有陪审员一边倒地坚持被告有罪立场。

后来随着讨论的深入，案件的许多疑点开始浮现，有许多陪审员开始支持被告无罪立场。当大家一致支持被告无罪立场时，3 号仍坚持被告有罪立场。原来 3 号与儿子闹翻了，儿子离开了他，还与他断绝了父子关系，所以他是带着对年轻一代的仇恨来看待这宗弑父案件的。3 号坚信自己是一个正直善良的人，认为父子之间冲突的过错完全在儿子身上，所以他潜意识里企图将儿子的形象投射到被告身上，证明被告有罪的同时也就是将导致他们父子断绝关系的责任都推卸到了儿子身上。

在讨论的过程中，3 号渐渐意识到被告是无罪的，这意味着他开始意识到自己与儿子产生冲突的原因不在儿子，而是因为自己脾气暴躁，这导致 3 号陷入了认知失调中。所以他出现了情绪失控，他辱骂所有的陪审员："你们是一群狠心的混蛋，我要告诉你们，所有的事实遭到了扭曲，你们无法威胁我，我要坚持自己的想法！该死的孩子，你毁了自己的一生！"当情绪得到了彻底发泄后，3 号一边抽泣一边承认："被告无罪。"

4 号陪审员是一名投资经纪人，是一个自信、严谨、客观、逻辑清晰的人，在整个讨论过程中，他从未出现过情绪失控，情绪状态一直很稳定。相比于 3 号这个从头到尾的"顽固派"，4 号才是最难对付的，他才是支持被告有罪的阵营中最理性、论述最有力度的人。导致 4 号态度转变的是一个细节，最后他投票支持被告无罪时说了一句话："奇怪的是我竟然忽略了这个细节，我选择被告无罪是因为我有了一个合理疑问。"

5 号陪审员和被告一样出生于贫民窟。一开始，5 号的立场不坚定，最终导致他坚持被告无罪立场的是偏见。4 号的一番话刺激到了 5 号："贫民窟是犯罪的温床，贫民窟的孩子在社会上更容易犯罪。" 5 号认为这是

4 号这个出身于上流社会的人对贫民窟的孩子的偏见，他自己就是最好的证明。他虽然来自贫民窟，却依靠自己的努力获得了一份体面的工作。

6 号陪审员是一名装修工人，也是一个教养很好的人。一开始他坚持认为被告有罪。在整个讨论的过程中，6 号一直在倾听，并未提出合理的疑问。不过在上厕所时，6 号对 8 号提出了一个问题："如果你真的说服我们都投了无罪，而事实却是那个孩子真的杀死了自己的父亲，那该怎么办呢？" 8 号回答说："陪审团并非要探寻真相，而是找出合理的疑问。"

7 号陪审员是一名推销员。在整个讨论过程中他始终漫不经心，只想着赶快结束，好去看当晚的橄榄球赛。

8 号陪审员是一名建筑师，从一开始就提出了被告无罪的立场，承受着其他 11 人的压力。在发表观点的过程中，8 号只是提出合理的质疑，思路虽然清晰，逻辑分析能力却远不如 4 号，他也没有什么充分的理由来质疑案件的证据，只是觉得不能仅仅用 5 分钟就决定一个孩子的生死，这样的大事必须好好考虑。

9 号陪审员是其中年纪最大的一个人，也是第一个站出来支持 8 号的人。9 号对两位证人的证词提出了质疑。首先是老人的证词，案发时有电车经过，在电车的轰隆声下，老人是不可能听到楼上的声响的，他会这样说，是希望自己的意见能够得到重视。这是许多老人都有的心理，9 号老人十分了解这一点，因此老人可能是幻想自己听到了被告与父亲的争吵，并认为自己认出了被告。其次是女人的证词，9 号注意到 4 号经常捏鼻梁，他回忆起女证人也有这样的动作，而且她的鼻翼两侧有深印，由此他认为女证人需要佩戴眼镜，而她所说的自己在看到杀人场景时是刚起床的时候，此时她无法及时佩戴眼镜，看到的只是一个模糊的场景，因此无法认定凶手就是被告。

10 号陪审员是一个傲慢无礼的人，经常发表一些歧视弱势群体的言论，最后遭到了其他人的一致抵制。当所有人都背对着他时，他的心理防线终于崩溃，改为支持被告无罪的一方。

11 号陪审员是一个钟表匠，有自己独立思考的能力，十分看不惯 7号："如果你觉得那孩子有罪，那你也应该坚持下去，而不是为了快点结束而投无罪。"

12 号陪审员是一个广告人，最初吸引了所有人的注意。他喜欢讲冷笑话，虽然圆滑世故，却是一个有正义感且尊重事实的人。

在第一次投票时，只有 8 号对被告有罪的犯罪事实提出疑问，5 号和 9号在举手表决的时候犹豫、滞后，显然这两人也有疑问，却碍于众人的压力选择了被告有罪的立场。这 12 个人在面对这起案件时表现出了三种反应，第一种认为被告有罪，例如 3 号和 4 号；第二种坚持被告无罪，例如 8 号；第三种则是大多数人的反应，即从众。当一个人面对一件与己无关且不太知晓底细的事情时，往往会追随人数较多的一方，尤其是在陌生环境下，不知道自己的判断是否正确时，从众行为更容易出现。这是我们最熟悉不过的社会法则，少数服从多数，大多数人的判断总是正确的。例如 1 号陪审员，他是第一次参加陪审团，在这种情况下，选择从众在他看来是最安全的做法。

从众的情境在日常生活中十分常见，它普遍存在于购物、生活、交流沟通等各个日常生活场景里，不仅常见还难以被察觉。例如排长队现象，当一些人发现一家店门前排起长队的时候，他们会自然而然地认为这家店里的东西比别的店里的东西要好，而选择排队等待购买。因此许多商家会利用人们的从众心理，比如有的楼盘开盘之前，开放商会召集许多"托儿"来撑场面；某家店铺开张之时，也会召集许多"托儿"来排队购买，给消费者造成一种门庭若市的感觉。

提到从众效应，就不得不提到人类的思维和远古时期的生活环境。人类是群居动物，在远古时期，每当遇到灾难时，例如干旱，部落就会迁移到另一处适合居住的地方。当所有人跟着队伍一起迁移的时候，最前方会有一个领头人，大家会跟着领头人跋山涉水，寻找新家园和食物。领头人会召集一批指挥者，指挥队伍通常由寥寥几个人组成，整个部落都会跟着指挥者一起行动。这个时候就显示出从众的重要性了，如果没有从众行为，整个部落很可能会一团乱，整个迁徙行动也就无法进行下去了。

久而久之，从众就成为人类大脑的惯性思维，跟随别人一起行动变成了一种习以为常的本能行为，于是从众效应出现了。当一个人追随大多数人的行为时，他往往不会费力思考行为的正确与否，而觉得随大流是最快、最省事的做事方法，会降低思考的难度，毕竟大家都在做，一定有人思考过是否正确。这种思维模式导致很多人从来不会考虑自己为什么要跟随大众。当然，我们在日常生活中也总是能够见到不愿意跟随大众的人，但这些特立独行的人毕竟是少数，他们往往要承担来自大众的压力。

有人曾经在地铁里做过一个十分有趣的实验。一个穿着十分普通的人从地铁上下来后，马上开始变得惊慌起来，左顾右盼后开始弯着腰抱头逃跑。人群中还有几个实验参与者会配合他的表演，也开始慌乱并抱头逃走。整个过程中这些人都没有说一句话，但他们很快引起了一些人的注意。人群中开始出现骚动，人们变得惊慌起来，慌乱之中有很多人跟随着这些实验者一起迅速逃离了地铁站。人们会出现这种行为显然是受到从众效应的影响。很多时候，一些人在发现周围的同伴们出现某种行为时，他们并不是马上去寻找其中的原因，而是跟着大家一起做同样的事情。他们认为大多数人做的事情是对的，并不会加以思考，因为思考是一件需要花费大量时间和精力的事情，再加上很多人内心并不自信，不相信自己的判断是正确的，所以才会有从众行为。例如在上述实验中，一个人很容易在实验者的影响下开始慌乱和逃离，逃离的人越来越多，最终造成整个地铁站的人都在慌忙逃离。这个时候很少有人会静下心来思考，因为人们害怕如果真的有危险，自己很可能因思考耽误时间，让自己置身危险之中，受到伤害。

还有一个十分经典的实验。1952 年，美国社会心理学家所罗门·阿希设计并进行了一项实验，这是社会心理学界一项十分著名的实验，证明了从众现象的存在。阿希设计这项实验的目的，是研究人们会在多大程度上因为他人的影响而改变自己的决定，遵从错误的判断。

这场实验的被试是一群大学生，阿希告诉被试这个实验的目的是研究人的视觉情况。每个被试被安排进入不同的房间里，每个房间里已经有五个人先坐在那里了，被试进去后就只能坐到第六个位置上。那五个所谓的被试，其实是阿希的实验助手，也是实验设计的重要部分。

随后，阿希会给被试两张分别画着不同长度竖线的图片，让所有人做一个判断，即比较竖线的长度，看看哪条竖线更长。这是一个很容易做出的判断，因为两条竖线的长短差异是那么明显。不过那五个"卧底"会故意说出一个错误的答案。起初，被试还能坚持正确的答案，当实验进行了两次后，被试的想法开始出现动摇，他开始怀疑自己的判断，有的被试甚至会遵从错误的判断。实验结果显示，约有 33% 的人的判断是从众的，而有 76% 的人至少做了一次从众的判断。这是一个让人惊讶的结果，因为在正常情况下人们出错的可能性还不到 1%。

在实验中，之所以会出现这样的从众现象，与被试所面临的来自其他五个人的压力是分不开的。在现实生活中，有些从众现象的发生也的确是因为社会压力的影响。

在之后的实验中，阿希做出了一些细微的调整，让他派出的其中一个

"卧底"在实验开始的时候给出正确的答案。在这样的情况下，被试就不再是孤身一人坚持正确的答案了，他会有一个同盟者，而这个同盟者会给他提供一定的社会支持，这在心理上有助于被试抵抗社会压力。实验结果证明，这次只有 5% 的被试选择了从众，即放弃正确的答案。

在从众情境下，人们很容易放弃自己的个性和思考能力，从而做出从众行为，这样他就能获得大多数人的支持，从而避免对抗大多数人的压力。当然，也会有部分人坚持自己的思考和看法。

在电影《十二怒汉》中，这 12 个人中最特殊的人是 8 号，他是第一轮投票中唯一一个投反对票的人，他抵抗住了众人的压力。当一个人想要掌控发生在自己生活中的事件时，通常会选择反抗从众。8 号对所有人说，他没有证据能证明被告无罪，他只是希望所有人能慎重讨论一下案情，这毕竟涉及一个年轻人的生死。

之后 8 号对凶器进行了质疑，并提供了证据。于是第二次投票时，8 号有了一个支持者，即 9 号，9 号对两名证人的证词提出了质疑。9 号是一个不被人重视和关注的人，几乎没有人愿意倾听他说话，但当他站出来支持 8 号时，他与 8 号就建立了联盟。在接下来的讨论中两人相互支持，每当有人不尊重 9 号时，8 号都会竭力维护他。

8 号在抵抗从众压力时表现得十分成功，他从一个人的少数派对抗多数派，最后做到了说服众人，让大家都站在了自己这一边。8 号到底是怎么做到的呢？首先是他自身的因素，他在表达观点时避免了死板和教条，他没有直接否定有罪推论，而是先抛出了不确定、不完整的信息，告诉大家被告可能有罪，也可能无罪，整个案件充满了疑点，大家应该坐下来好好谈谈，毕竟涉及了一条人命。这种温和的反对是很有效的，在上厕所的时候，7 号对 8 号说："你对软性营销很精通。"

在双方 1 比 11 票僵持不下的时候，8 号以主动退出下一轮投票来化解僵局，他提出匿名投票的方式，只要有一个人支持他，那么大家就必须坐下来好好讨论一下。于是在第二轮投票时，8 号得到了 9 号的支持，从而引发了之后一系列的讨论。

投票方式决定着一个人对抗众人时所面临的心理压力。当使用举手表决的投票方式时，一个人对抗众人的心理压力会更大，这意味着他在众人面前直接暴露了自己的观点和立场，可能会成为大家攻击和说服的对象，面临着成为众矢之的的危险。所以当 8 号提出反对并独自一人对抗群体压力时，他想出了一个减轻压力的方法，提出第二轮投票采取匿名的方式，这样一来凡是准备坚持被告无罪立场的人，就没有太多的心理障碍了，不必像 8 号一样承受来自众人的压力。由此可见，规则的应用方式很可能会影响决策的走向。

1 号作为主持人在整个讨论过程中存在感很弱，但作为规则的维护者和执行者，他起着决定性的作用，因为他可以决定使用哪种决策方式，即采取举手表决还是匿名投票。

同时需要注意的是，举手的顺序也会在一定程度上影响决策。这是因为在从众心理的影响下，后面的人极有可能会因为前面表决的人都支持了被告有罪而选择支持被告有罪。首先进行表决的是 1 号，然后是 2 号，他第一次参加陪审，会很容易站在 1 号这边，支持被告有罪，3 号因为自己与儿子关系的破裂选择了被告有罪立场，4 号在证据确凿的情况下选择了被告有罪立场，这四个人的选择直接影响了 5 号的决定，随着支持被告有罪的人越来越多，后面的人在举手表决时就会承受众人的压力。

如果投票的顺序反过来，支持被告无罪的人在前期拥有多数人的支持，那么势必会影响后面人的表决结果，例如 5 号、2 号可能就会从众选择支持被告无罪立场。当支持被告无罪的人越来越多时，那些没有充分依据证明被告有罪的支持者在进行选择时就需要承担很多心理压力。

在第二轮匿名投票后，由于 9 号选择支持被告无罪，这意味着他们 12 个人要坐下来好好讨论一下案情了。这个时候 3 号开始猜测是 5 号投了被告无罪，于是他开始攻击 5 号，并说出了"贫民窟出来的没一个好东西"的激烈言论，这导致 5 号自卑、敏感的心理被激发，他立刻站在了 3 号的对立面，即使 9 号主动承认是他投的被告无罪，5 号和 3 号之间的对立也没有消除。于是在下一轮的投票中，5 号投向了被告无罪的一方。人身攻击的言论很容易造成情感对立，会使两个本来意见一致的人相互对立。5 号出身于贫民窟，有很强烈的自卑感和防卫意识，他对自身阶级的敏感导致他很容易和 3 号建立情感对立的关系。

在支持被告有罪的阵营中，只有 4 号表现出了理性的一面。像 3 号、10 号这样言辞激烈、带有明显偏见，且容易对他人进行人身攻击的人很容易遭到众人的反感。这会导致其他人反感被告有罪阵营，从而脱离被告有罪阵营，开始支持被告无罪。

10 号在发表了一番言辞刻薄、偏激的意见后，立刻激起了众人的反感，于是大家站起来背向了他。3 号的暴脾气导致他做出了一些过分的情绪化表现，给人一种无理取闹的感觉，他将自己塑造成了一个不公正、不客观的形象，这直接影响了被告有罪阵营的形象。此外还有 7 号，这个人也属于被告有罪阵营中的人，但他一直表现出一副儿戏的姿态，招来了众人的反感。

在这 3 个人的影响下，4 号不论分析得如何有逻辑，都会导致众人对被告有罪阵营产生不好的印象和感受，会觉得站在被告有罪阵营中自己平等、被尊重的需求不会得到满足。于是众人很容易被 8 号所表现出的负责态度所吸引，8 号从始至终都在讲事实、摆道理，十分尊重其他人的选择，自然会得到众人的认同，认同之后他们就会发生立场的转变。

第四章

身心不可分——生理状况与性格

影响我们心理的大脑

乔治是一名 19 岁的男孩，患有严重的强迫症，尤其对细菌有着病态的恐惧，每天的时间和精力都消耗在洗手和洗澡上。他也知道自己不应该这样做，但他就是无法控制自己，老是觉得自己身上有细菌，于是只能不停地去洗手、洗澡。乔治的强迫症已经严重影响到了自己的生活，他无法安心学习，只能退学。后来他找到了一份工作，可由于强迫症，没做多久他就被辞退了。

为了摆脱强迫症，乔治只能去看精神科医生。经过一年多的治疗，乔治的强迫症状没有得到任何缓解，反而陷入了深深的抑郁之中，他越来越觉得自己无法摆脱强迫症。他的主治医师说："这孩子已经抑郁到了极点，任何措施都无法缓解他的病情。"

有一天，乔治对妈妈说："我现在活得太痛苦了，我宁愿去死。"许多强迫症患者的亲人和朋友由于无法理解强迫症患者的痛苦，经常会指责他们，认为他们是在无理取闹，乔治的妈妈也是这样。因此，当她听到乔治这样说时只丢下一句话："如果你真的那么痛苦，就去死吧。"妈妈的这句话让乔治彻底崩溃，他决定不再抗争。

某天，乔治趁着家里没人时来到地下室，他拿着一把手枪抵住自己的上颚，然后开了枪。乔治本以为自己会彻底解脱，但他没有死，那颗子弹正好卡在了他大脑的左侧额叶上。之后，乔治被紧急送往医院进行抢救。

医生取出了乔治大脑内的子弹壳，但一些子弹碎片却留在了乔治的大脑内，那些子弹碎片的位置太深，医生害怕强行取出会给乔治的大脑造成二次伤害，只好作罢。

之后的三周，乔治一直留在医院接受观察。很快，乔治就发现自己的强迫行为消失了，他不再频繁洗手和洗澡。医生在扫描检查乔治的脑部时发现，乔治的大脑除了有枪击的外伤外，并没有其他严重的损伤。医生还对乔治进行了智商测试，结果发现他的智商正常，这次枪击并没有影响到他的智商。

从那以后，乔治就过上了正常的生活，他回到学校继续读书，高中毕业后考上了大学。在大学里，乔治的学习成绩非常优秀。

乔治的强迫症会奇迹般的痊愈，得益于那颗子弹卡住的位置，正好破坏了引发他强迫症的大脑部位。也就是说，他相当于进行了一次病灶切除手术。

在强迫症的治疗上，90% 的患者会通过抗抑郁药物和行为疗法摆脱强迫症。但也有少数强迫症患者像乔治一样，不论怎么治疗都无法摆脱强迫症，于是手术成了他们最后的选择。一些强迫症患者在通过手术切除大脑左侧额叶的一个特定部位后，会像乔治一样，强迫症消失了。但手术切除是一种迫不得已的治疗方式，有极大的风险，手术效果有好有坏，很少有强迫症患者会冒险接受手术切除。像乔治这样的情况极其少见，概率极低，就连之前负责治疗他的精神科医生在听说该事后也惊呆了。

大脑是每个人心理活动的生理基础，大脑的各个部位与人的心理息息相关，例如遭受脑损伤会使一个人性格大变。在上述案例中，乔治之所以出现病态的强迫行为，是因为他大脑左侧额叶一个特定部位出现了异常，因此当他自杀时子弹意外破坏了那个部位后，他的强迫行为也就消失了。

当然，并不是所有的脑损伤患者都能像乔治这么幸运，绝大部分的脑损伤患者的遭遇往往比较凄惨，基本不可逆的脑损伤会给他们的精神带来巨大伤害，让他们原本正常的生活脱轨。例如著名的盖奇的案例，他工作时被钢筋穿透头颅，事后他虽然活了下来，却从一个认真负责的人变成了一个无法控制自己情绪、行为的人，为此他失去了工作。

研究者们早就注意到了大脑对人类心理的重要影响。有的研究者为了研究大脑某个部位对人的心理、情绪的影响，会通过手术切除实验动物大脑中的某个部位，然后观察他们的反应和行为。除了脑损伤外，脑刺激也是研究者经常使用的一种研究方法，具体做法是往动物或人的大脑中植入电极，然后用放电的方式刺激大脑，从而观察被试会出现什么反应。脑刺激的实验更能说明大脑对人的心理的重要影响。

一名患有帕金森病的女性患者在医生的建议下，往大脑里植入了一块电极。医生本来的目的是希望通过脑刺激控制患者的病情，却意外发现大脑中的一个特殊区域会使人产生抑郁的情绪，这个区域位于左侧黑质的中央区域。

当医生通过放电对该区域进行刺激的时候，本来很冷静的患者开始做出右侧倾斜的姿势，很快她忍不住哭泣起来："我现在很难受，我什么也不想看到、不想听到，我不想活了。"起初医生以为脑刺激让患者感到了疼痛，于是就问她："你为什么会哭，是不是觉得疼痛？"患者回答说："不，我并没有觉得疼，只是觉得自己受够了现在的生活，觉得自己的人生一团糟。总之我不想活了，我讨厌活着，活着一点价值也没有，我厌恶这个世界。"

后来，医生停止了对患者大脑的刺激。90 秒后，患者抑郁的情绪慢慢得到缓解，最后完全消失了。5 分钟后，患者变得很快乐，她开心地笑了起来，甚至还和医生开起了玩笑，一点儿也没有刚才那种抑郁的情绪。

　　大脑与人的心理密切相关，一个人的心理、行为会因为大脑结构和化学变化而发生改变，脑损伤、脑刺激、药物都可以深刻影响一个人的心理。

管理着恐惧的杏仁核

2014 年 12 月，美国得克萨斯州大学研究室丢失了 100 个浸泡在福尔马林溶液中的大脑样本，其中一个大脑样本来自世界臭名昭著的狙击手查尔斯·惠特曼的头颅。1966 年 8 月 1 日，惠特曼在美国得克萨斯州大学的一座建筑的顶层，用一把半自动步枪向人群开火，射杀了 13 人，导致 31 人受伤。

1941 年，惠特曼出生于一个富有的中产阶级家庭中。老惠特曼教育孩子的方式简单粗暴，只要孩子不听话就会对她拳脚相加，为此惠特曼十分憎恨父亲，长大后经常与父亲发生冲突。为了离开父亲，惠特曼 18 岁那年加入了海军陆战队。

在海军陆战队中，惠特曼十分努力，表现得很出色，尤其是在射击方面，给教官留下了深刻的印象。不久，出色的惠特曼获得了海军陆战队颁发的奖学金，支持他去得克萨斯州大学学习机械工程，将来可以转为技术军官。

没有了父亲和军队的严格管束，惠特曼的人生开始偏离正轨，他先是因非法猎鹿被警方逮捕，后来又因欠下赌债和黑帮发生了冲突。除了惹麻烦外，惠特曼的学习成绩也不好，这导致海军陆战队对他的成绩一直很不满。1961 年，惠特曼结婚了，婚后惠特曼的学习成绩有所提高，惹麻烦的次数也变少了。但惠特曼的成绩依旧让海军陆战队不满，于是在 1963 年 2 月，惠特曼接到通知，海军陆战队取消了他的奖学金，他需要重新回到部队服役。

惠特曼在部队的表现不错，获得了一次升迁的机会，可他因为赌博和非法持有非军用手枪被告上了军事法庭，被判处 30 天监禁和 90 天苦役，到手的升迁机会也因此失去。他无法继续待在海军陆战队，便在 1964 年 12 月退役。

退役后的惠特曼不甘心，他认为自己不能被这一系列的失败击垮，他希望自己能尽快振作起来，于是他回到了得克萨斯州大学继续学习，想要取得学位，这次他改学建筑工程。惠特曼学习很努力，还经常利用课余时间去打工。

渐渐地，惠特曼发觉自己的精神状态不对劲，他经常感到厌倦和焦躁，于是他去看了医生，医生给他开了一些处方药。这些处方药可以暂时缓解惠特曼的焦躁情绪，但有一定的副作用，会对他的记忆力产生影响，因此不论惠特曼如何努力学习，他的成绩一直不好。

1966 年，惠特曼的母亲和他的父亲离婚后，搬来和他一起居住。从那以后，惠特曼变得越来越焦躁，他只能去看心理医生。有一次，惠特曼和心理医生谈话的时候告诉对方，他经常被一些古怪、非理性的想法所困扰，比如他想带着步枪爬到得克萨斯州大学的塔楼上，像猎鹿那样射杀行人。每当这样的想法出现在惠特曼的脑海中时，他往往需要付出巨大的努力才能摆脱这种想法，并将自己的注意力集中在学习上。

1966 年 7 月 31 日，惠特曼决定将脑海中的想法变成现实，之后他开始冷静地制订计划、实施计划。首先，惠特曼写了一封遗书："我已经厌倦了这个世界，我不想让妻子和母亲继续留在这个世界上受苦。我过去经常会出现许多古怪的想法，我也不知道自己为什么会有想要杀人的念头。

我希望我死之后，你们可以对我的尸体进行解剖，看看我是不是有什么明显的生理缺陷。经过慎重思考之后，我决定杀死我的妻子，就在今晚我接她下班回家之后。我明明深爱着她，她是一个很称职的妻子，任何男人都会想要拥有一个像她这样的妻子，但我就是想杀死她，尽管从理智上我找不到任何要这样做的理由。"

当天晚上，惠特曼先来到了母亲的公寓，用刀杀死了她。8 月 1 日凌晨时分，惠特曼回到了自己的住所，杀死了妻子。早晨，惠特曼给妻子和母亲的公司打电话，说她们身体不舒服，需要请一天的病假。惠特曼说话的语气和声音与平常一样，没有丝毫慌乱，自然也没有引起怀疑。

之后，惠特曼开始整理武器，他将两支步枪和两把手枪放在了行李箱内，然后去周围商店里又买了两把枪。回家后，惠特曼将装满枪支的行李箱放到了自己租来的一个小推车上，推着推车来到了得克萨斯州大学的校园内。

11 点 30 分，惠特曼来到了校园的一个安全检查点。他拿出了自己的助研身份证，说自己要给实验楼送设备，工作人员允许他在楼内停车 40 分钟。5 分钟后，惠特曼拉着行李箱来到了塔楼，这座楼有 27 层，建在小山上，是全城的制高点。最高层是个观光台，每年都有许多人来这里游玩，站在观光台上眺望整座城市。

惠特曼拖着行李箱来到最高层后，拿出一把枪来到了观光台的接待室中，这里有值班的接待员，惠特曼决定先把接待员处理掉。惠特曼用枪托用力击打接待员的脑袋，他以为接待员昏迷了，就将她拖到了沙发后面，事实上接待员当时已经死亡。

来到观光台后，惠特曼看到了一对夫妻，他们当时正在观光，惠特曼还和他们聊了几句。在他们离开后，惠特曼就将桌子挪到了接待室的大门前，用桌子顶住门，阻止其他人来此观光。这时，有6名游客从楼梯走了上来，他们发现接待室的大门被堵住后，就合力将门推开，惠特曼发现他们后立刻拿着枪冲过来，一番扫射下，2人死亡，2人受伤，另外2人成功逃脱。

之后，惠特曼返回观光台，将推车留在接待室内。接下来他开始向周围扫射，许多中弹者根本不知道子弹从何而来就被击中了。人们听到不大的枪声后，看到有人倒地，开始四处逃窜。警方接到报警电话后立刻赶来，但警方也不知道射击者在什么地方。十几分钟后，几名警察被击中，其他的警察开始觉察到子弹是从城市的制高点射过来的，有人在塔楼上进行射击，于是开始向塔楼方向还击。

惠特曼所在的地理位置有很大的优势，他利用观光台周围的排水口进行射击，导致警方根本无法击中他，而且惠特曼所使用的枪支火力极强，现场的警方甚至误以为那里不止有一个射击者。很快，人们都知道得克萨斯州大学发生了枪击案，周围的警察纷纷赶来增援，热心市民也拿着枪向塔楼射击。

一架警方的轻型飞机在经过一番勘察后确认，塔楼上只有一名射击者。另外几名警察悄悄爬到了顶楼，他们先看到了倒在血泊中的4个人，然后发现接待室的门被顶着，用力打开大门后，他们进入了接待室。仅仅通过窗户他们无法发现射击者，于是只能用力将观光台的门打开。两名警察一边匍匐前进一边根据枪声确定射击者的位置，很快他们就在观光台的北侧发现了惠特曼。其中一名警察开枪击中了惠特曼，惠特曼倒地之时，另一名警察立刻上前对惠特曼进行近距离射击，惠特曼当场被击毙。

在当时的美国，由于受到反战运动的影响，各地发生了一系列的暴力杀人案，而这起塔楼枪击案则是其中的代表性案例。从那时起，各地警察局的负责人开始意识到警方装备的不足，警方需要建立特殊武器与战术分队，专门处理塔楼枪击案之类的暴力杀人案件。

如惠特曼所愿，他死后医生对他的尸体进行了解剖，发现他的确存在明显的生理缺陷——他的大脑右半球中有一个恶性肿瘤，而这个肿瘤恰好长在杏仁核附近。

杏仁核，又名杏仁体，顾名思义，它的形状大小如同杏仁核一样，是大脑底层的一个脑组织。它是大脑管理情绪的中心，是影响恐惧和焦虑的重要组织，在恐惧、焦虑情绪控制中起着十分重要的作用。

与许多科学发现一样，杏仁核的发现完全是一个意外。20 世纪 30 年代，美国芝加哥大学的神经科学家克鲁尔和布西为了研究致幻剂麦司卡林的功能，通过手术切除了一只恒河猴的双侧颞叶，其中包含杏仁核。

很快，两人就发现这只恒河猴出现了许多异常行为，它不再有恐惧的情绪，会尝试吃一些无法食用的东西，例如粪便和尿液。克鲁尔和布西还注意到，恒河猴在看到蛇的时候丝毫没有表现出害怕，甚至还将蛇抓起来往嘴里送，要知道人类和猴子对蛇这种危险动物有着天然的恐惧。之前它还惧怕人类，只要看到陌生人就会蜷缩在角落里，现在它会对着人又抓又摸，好像对待一件普通的玩具一样。通常情况下，恒河猴在和曾欺负过它的强壮恒河猴相遇时，会躲得远远的，可现在它会主动迎上去，好像一点儿也不怕挨揍。

克鲁尔和布西还在其他的恒河猴身上进行了同样的切除手术。结果这些恒河猴都出现了无法感知危险和恐惧的情况，它们依然能分辨食物、同类等事物，但就是无法分辨危险。

恐惧情绪对所有动物，包括人类在内，是至关重要的一种情绪，关乎着我们的生死存亡。像快乐这样的积极情绪通常比较难得，因为快乐容易使一个人忘乎所以，对周遭的一切盲目乐观，在远古时期，如果人们总是处于快乐情绪中，就会对周围丧失警惕，很容易沦为野兽的口中餐，因此快乐的情绪是比较"奢侈"的。而恐惧情绪则是必需品，人如果没有恐惧，往往容易招致死亡，因为它会使人丧失趋利避害的本能。

当一个人身处某种情境中时，他的大脑会对该情境进行评估，从而判断自己即将要面对威胁还是奖励，这个时候杏仁核就会发挥十分重要的作用。当他感觉到了威胁时，他会焦虑和恐惧，出现血压和心率升高、出汗、立毛、瞳孔扩大的现象，这个时候他会做出战斗或逃跑的反应。在这种杏仁核被激活的状态下，一个人往往很难控制自己的情绪和行为。但当他觉得自己已经远离了危险，周遭环境变得安全时，他的杏仁核就不再那么敏感，理智开始发挥作用。

如果杏仁核反应强烈，那么该条件反射就会形成记忆，带来持久性的刺激，使杏仁核轻易发生强烈的反应，而这段记忆会长期储存在当事人的大脑中。因此，触动当事人强烈情绪反应的事件会给他留下长期的记忆，这个记忆会一直影响他，乃至终身。例如一个人遭遇了车祸，出现了创伤后应激障碍，那么这段经历会在他的大脑中留下深刻的印象，他的杏仁核也会一直处于活跃的状态，每当他听到刹车声时，他的杏仁核会立刻产生强烈的反应，让他表现出惊恐发作的情绪，做出逃避的行为。

杏仁核的正常反应使我们远离危险，过度反应则会使我们深陷恐惧之中而无法自拔，那么杏仁核没有反应时会怎样呢？当一个人的杏仁核出现损伤时，他的恐惧感会丧失，如同上述实验中的恒河猴一样，同时还会伴随着情感冷漠的表现，例如制造枪击案的惠特曼。

惠特曼的杏仁核上的那个肿瘤导致他产生奇怪的冲动，他经常觉得烦躁，不会恐惧，且情感冷漠。当惠特曼想要杀死妻子和母亲时，他没有觉得恐惧、不忍，他也知道妻子是一个好人，对他很好，他不应该杀死她。但他就是有杀人的念头，他的这个念头和动机已经完全和情绪体验脱节了。他在杀人的时候没有什么情绪体验，因为他无法理解自己的杀人动机，如同他自己说的——"我找不到任何要这样做的理由"。

但绝大多数枪击案的制造者，通常是带着满腔的愤怒和憎恨去射杀受害人的，例如美国历史上严重的恶性校园枪击案制造者赵承熙，他之所以制造枪击案，是带着强烈的愤怒所实施的报复，因为他觉得自己从未融入美国人的生活中，还经常遭到同学们的嘲笑。

此外，杏仁核的反应程度和一个人的性格密切相关。例如一个性格内向且不擅长社交的人看到陌生人的图片时，他的杏仁核的反应强度就比外向的人更强烈。

情绪体验与我们的决定

小田是一名 20 岁的女性，从 3 岁起就开始出现异常行为，随着年龄的增长，她的异常行为越来越多。她一直没有稳定的工作，因为她总会做出违反工作规定的行为；她对未来没有什么计划，也不想工作赚钱，经常遭遇财务危机，无法独立生活，不得不依靠父母的帮助。

小田成长于一个正常家庭中，她的家庭生活舒适且稳定，父母也没有任何神经或精神疾病的病史，她的妹妹在成长过程中一直很正常，不论青少年期还是成年期都未像小田一样出现过异常行为。从小田 3 岁起，她的父母就发现她对语言和身体惩罚无动于衷，对所犯的错误也丝毫没有悔改之意。

进入青春期后，小田的学习成绩一般，而且经常无法按时交作业，还不遵守学校的规章制度，频繁与同学发生冲突。后来小田开始出现暴力行为，她的父母不得不将她送进疗养院。小田无法与人好好相处，她会对人说脏话、动粗，还经常说谎。此外，小田还有偷东西的毛病，多次因为在商店、其他人家里行窃而被逮捕。小田从来不会因自己不适当的言行而悔恨，也从来没有罪恶感，对他人没有丝毫同情心，反而总是怪罪其他人给自己带来痛苦。

小田很小的时候就开始出现危险性行为了。18 岁时，小田怀孕了。后来小田将孩子生了下来，但她显然不是一个合格的母亲，对孩子的需求并不敏感。在父母的带领下，小田接受了一系列的心理治疗，例如行为管理、精神药物治疗等，但这些心理治疗对她都没有任何作用，她依旧因为异常的言行而难以融入社会。

最后，小田的父母怀疑女儿的异常言行可能与一次意外有关。那时小田只有 15 个月大，那次意外事故导致她脑部受伤，但在住院治疗后她看起来就完全康复了，之后身体也没有出现什么异常，直到 3 岁时父母才发现她的行为与其他孩子不同。

在父母的带领下，小田来到医院接受了脑扫描。扫描结果显示，小田的前额叶受损。她的脑部受伤事件虽然发生在幼年，但所造成的伤害并未恢复，她的脑损伤与成年后前额叶受伤的病人十分相似。

前额叶受损的人都会出现异常的社会行为，他们的许多情绪和相对应的情绪感受会丧失，无法表现出同理心、羞愧或罪恶感，根本意识不到自己的言行违反了道德和法律，常常出现冲动行为，很少会考虑后果。

历史上，最著名的前额叶受损的案例是盖奇，他在一次意外爆炸事件中被一根细铁棍穿过了前额叶。盖奇虽然在那次意外事故中活了下来，却像上述案例中的小田一样变得十分冲动，难以控制自己的行为，常常做出错误的行为。从这两个案例中可以看出，前额叶与人的自控力密切相关，而情绪体验会影响一个人的自控力。例如我们为什么不会去偷窃、对他人进行身体攻击或辱骂呢？是因为这些行为会使我们产生罪恶感这种不好的情绪体验，因此我们可以控制自己，避免做出这样的行为。可前额叶受损的人却无法自控，因为他们的情绪体验已经因为前额叶的受损而被剥夺，除了愤怒之外，他们很难产生其他情绪体验。

当我们决定做某件事的时候，尤其这件事涉及道德时，那么我们的决定会在一定程度上依赖于情绪体验，例如道德两难的问题。

电车困境：假设有一列有轨电车飞驰而来，前面的轨道上有 5 个人，你有一个拯救他们的机会，那就是扳下道岔，这样一来列车就会朝着另一条轨道行驶，但这条轨道上也有一个人，这样一来火车就会轧死这条轨道上的这个人，那么你是否会扳下道岔？

天桥困境：假设你站在天桥上看到一列有轨电车飞驰而来，轨道前方站着 5 个人，如果电车继续行驶，这 5 个人都会死。现在你有一个选择，你可以将一个身体强壮的陌生人推下天桥，让他的身体阻止电车继续前进，那么你是否会将他推下去？

救生艇困境：假设你和 5 个人坐在一艘救生艇上，由于救生艇上的人太多了，救生艇有沉船的危险。这时，如果你将一个人推下水，那么整艘救生艇上的人都会获救，救生艇也不会再继续往下沉。试问，你觉得把一个人推下救生艇的做法是否正确？

医院困境：假设你是一名外科医生，你知道有 5 位病人正在等待器官移植，而且每位病人需要移植不同的器官，他们的情况十分危险，如果不尽快接受器官移植手术，他们很快就会死去。这时，护士告诉你一个消息，医院来了一位病人，他的各项要求正好和那 5 位等待器官移植的病人相匹配，她还建议说杀死这个人，用他身上的器官去救其他 5 个人。试问，你是否会同意？

这 4 个道德两难的问题从逻辑上来看，都是通过杀死一个人拯救 5 个人，论理说人们应该做出相同的选择，但事实上并非如此。人们更容易接受电车困境中杀死一人拯救 5 人，而在天桥困境和救生艇困境中，很少有人会同意用一个人的生命换取其他 5 个人的生命；在医院困境中，几乎不会有人同意杀死一个人来给其他 5 个病人进行器官移植。之所以会出现这样与逻辑推理完全不同的结果，是因为我们在做出决定时会受到情绪的影响。

　　在电车困境中，选择扳下道岔的结果会使一个人失去生命，却换来了另外 5 个人的生还，虽然扳下道岔相当于间接杀人，但相较于直接动手，这种情况使我们在情感上比较容易接受。天桥困境和救生艇困境，尤其是救生艇困境，获救的人还包括自己，这种由自己亲手去推一个人下天桥（水）的杀人行径，相较于电车困境更令人难以接受，因此很少有人会同意。而医院困境则是直接让医生违背职业道德去杀人，我们更难接受，所以结果是几乎不会有人同意这么做。

　　我们不愿意直接伤害一个人，是因为我们会对此产生一种强烈的情绪体验，觉得他人因为自己的行为而死亡是无法接受的，这种情绪体验会使我们做出自认为对的决定。而对于前额叶受损的人来说，这 4 个道德两难困境中，不论是电车困境还是医院困境，他所做出的决定只有一个，那就是牺牲一个人去拯救 5 个人，因为他在做这个决定的时候不会有情绪体验。

　　一个前额叶受损的人经常会出现冲动的行为，当面临选择时，因为没有羞愧、恐惧等情绪体验，他会快速地做出决定。例如上述案例中的小田，当她在商店里看到某件心仪的商品而她又没有钱购买时，她就会轻易地做出偷窃的行为，因为她不会因偷窃而产生羞愧的情绪体验。当她被抓住后，她才意识到自己原来做了一个错误的决定。这种冲动行为与正常人的冲动行为不同，并非情绪化，因为他已经感受不到情绪了。

　　一个前额叶受损的人除了生气外，几乎丧失了表达其他情绪的能力，他感受不到快乐、悲伤，似乎没有什么事情能让他开心、伤心。他知道什么行为是符合社会规则的，会使他得到人们的赞扬，而有些行为不符合社会规则，会给他带来麻烦。可是他不会因为得到别人的称赞而高兴，也不会因受到惩罚而难过、愧疚，遵从社会规则对他来说失去了意义，所以他会轻易做出一些违反社会规则的事情。

在社会化的过程中，我们会了解社会规则，并将该规则内化。每当我们决定做出某种行为时，我们都会考虑这样做会给自己带来什么样的好处和情绪体验，从而做出一个最有利的决定。情绪体验有助于我们做出正确、有利的决定，但有时也会干扰我们做出正确的决定。例如当你驾驶着一辆车行驶在路上时，突然车辆行驶到了一处打滑的冰面上，这个时候你会感到恐惧，然后下意识地踩刹车，企图扭转方向盘远离冰面，可这样只会让结果更糟糕。而对于一个没有情绪体验的前额叶受损的人来说，他恰恰会做出正确的决定——把脚从油门处挪开，然后扭转方向盘，让车沿着打滑的方向行驶。

在上述案例中，像小田这样在婴儿时期前额叶就遭受了损伤的人，通常更容易出现冲动行为，因为她在成长过程中无法学习道德行为，道德教育对她来说丝毫不起作用，她的父母在这方面应该深有体会。她从童年起就出现了许多异常行为，例如偷窃、说谎、对他人进行身体攻击和辱骂，而且从来不会感到内疚。

对于一个没有情绪体验的人来说，对他进行社会化教育是不可能实现的，他永远无法融入社会，不会有朋友，也无法长期持续地从事某项工作。对于一个人来说，情绪体验十分重要，可以帮助我们在做决定的时候实现利益最大化和损失最小化，也就是做出最正确的决定，而前额叶受损的人不仅会丧失一部分重要的生活体验，还会丧失决策的能力。

外向性与多巴胺

电影《无语问苍天》的主角伦纳德是一个患有昏睡病——嗜睡性脑炎的病人，在纽约市布朗克斯区一家医院接受治疗。这种病的症状与帕金森病和脑瘫相似，流行于 20 世纪初，有不少病人因此丧生，幸存下来的病人会陷入沉睡的状态，他们毫无知觉，好像植物人一般。但是不同的是，他们又具有行动能力，对外界的一些刺激会产生反应，例如抛球的声音。

马尔科姆·塞尔是一个有着医学理想、热情工作的优秀医生，但同时，他还是个性格羞涩、不善表达且感情内敛的人。来到伦纳德所在的医院后，马尔科姆和同事埃莉诺很快发现这些昏睡病患者并非毫无知觉，有些东西、刺激会或多或少地唤醒病人的意识，例如扔球声、某种特定类型的音乐等。

伦纳德在引起马尔科姆的注意后，马尔科姆想要更好地了解他，于是就去拜访了伦纳德的母亲，她告诉马尔科姆，伦纳德患病前是一个很爱读书的人。后来，马尔科姆发现他可以通过手部与伦纳德沟通，他将伦纳德的手放在一个板子上，通过伦纳德的动作来猜测他拼写出什么词语，这可以使他与伦纳德进行简单的沟通。伦纳德的这种情况使马尔科姆更加希望能找到一种新药，帮助包括伦纳德在内的昏睡病患者回到现实生活中。

有一次，马尔科姆应邀出席当地一所大学的报告演讲，一份左旋多巴药物在患帕金森病患者中试验成功的报告，让马尔科姆想到了自己的病人。他觉得这种药物可能会对昏睡病患者的病情起到突破性的作用，于是他想要在病人身上试用新药左旋多巴。马尔科姆先将这个想法告诉给了埃莉诺，埃莉诺鼓励他试一试。

马尔科姆决定首先在伦纳德的身上试试。试验的结果很成功，左旋多巴将伦纳德从昏睡病中唤醒，他完全变成了一个正常人，开始学着如何适应新的生活。与此同时，马尔科姆正在努力给其他患者争取左旋多巴药物的治疗，他需要申请资金捐助，还需要和患者的家人签署治疗同意书。

左旋多巴是一种可以使大脑多巴胺水平上升的药物，患者们在这种药物的帮助下重新感受到了自己的正向情绪、动机，开始对周围的环境、与人的交往充满了兴趣。但很快，左旋多巴的副作用出现了，包括伦纳德在内的患者们开始出现狂躁的表现。他们很难平静下来，容易激动，总是与人发生争吵，而且还会出现一些怪异的举动，例如伦纳德在与人争吵时，他的面部和身体会开始抽动，他很难控制自己不做出这样怪异的行为。

在伦纳德看来，他是一个自由人，有自由活动且独自出行的权利，而且他与一个名叫宝拉的女孩建立了恋爱关系，他希望自己能陪着宝拉外出游玩。宝拉的父亲和伦纳德一样患有昏睡病，她经常到医院看望父亲。伦纳德被唤醒后很快注意到了宝拉，他会趁着宝拉来医院探望父亲时主动接近她，花时间和她在一起，于是两人慢慢成了恋人。

在医院看来，伦纳德是一个特殊的病人，他的人身自由应该受到限制。于是伦纳德与医生以及医院的工作人员的关系越来越恶劣，他经常与他们发生冲突，想要反抗他们对自己的限制。随着左旋多巴药物的影响，伦纳德开始变得越来越狂躁，经常与人发生冲突，就连他的母亲也觉得儿子的狂躁令人难以忍受，她甚至指责马尔科姆让她的儿子性格大变。

后来，伦纳德开始出现抽搐的症状，每当他非常激动的时候，他的全身就会开始痉挛且难以控制，而且他很容易激动，即使散步时也会突然抽搐起来。昏睡病的患者们看到伦纳德的情况，开始担心起自己来，他们害怕自己会变得像伦纳德一样无法控制地抽搐起来。伦纳德则向马尔科姆要求，将他抽搐的样子都拍摄下来，他希望能将此用于研究，帮助到其他人。

在狂躁过后，伦纳德等昏睡病患者开始出现重度抑郁的症状，就好像躁郁症患者一样。显然这与左旋多巴密不可分，这种药物使患者的多巴胺分泌系统出现了异常，在将患者唤醒后，令患者处于亢奋的状态中，之后变得抑郁。在陷入重度抑郁之后，伦纳德等人再也没有亢奋过了，他们开始担心自己会重新昏睡下去。伦纳德决定在昏睡之前好好地与宝拉告别，他和宝拉共进了最后的晚餐，然后他告诉宝拉，他以后无法再见到她了。最后伦纳德勉力支撑身体站起来，但仍控制不住地抽动着，宝拉则慢慢地和他跳起了舞，当作告别。当伦纳德回到自己的病房后，他就再次陷入了昏睡，不论使用多大剂量的左旋多巴，都无法唤醒他了。其他的患者也和伦纳德一样，在对昏睡病的恐惧之中慢慢再次陷入了沉睡。

沉睡之前，伦纳德对马尔科姆说了这样一段话："开始，我认为左旋多巴是世界上最美妙的东西，我感谢你把它带给了我，给我带来了生命力。当后来副作用出现的时候，我开始觉得它是世界上最邪恶的东西，让我感到恐惧。最后我接受了整个症状，这三年来我学到了很多。之前我处于昏睡状态中，觉得自己好像被关在了这个身体里，但后来在左旋多巴的帮助下我打开了捆绑自己的锁链，我焕发了活力，但最终我还是要回到自己的身体里，无法像正常人那样生活。正常对我们来说已经不可能了，每一次醒来，都是上天的恩赐。能够控制自己的身体，就是生命给予每个人最大的自由。"

在这部电影中，马尔科姆医生的原型是英国伦敦著名脑神经学家奥利弗·萨克斯，而这部电影就是根据他的同名回忆录改编的。奥利弗通过观察病人写了好几本畅销书，在他的书中记载了许多患者的经历，有些患者的疾病虽然无法治愈，但他们都在用不同的方式改善自己的病情。

关于昏睡病的记述，最先出现在 1917 年，之后蔓延到世界各地，凡是患上这种病的人会像雕像一样，不能动也不能说话，不过后来这种病又迅速消失了。1966 年，奥利弗在贝丝·亚伯拉罕医院工作期间接触到了一些昏睡病——嗜睡性脑炎的幸存者，奥利弗在幸存者身上试用了新药左旋多巴。

左旋多巴这种药物可以使我们大脑中的多巴胺水平上升，而多巴胺则是一种神经递质，有着"快乐赐予者"的称号，在大脑控制身体行动的内部机制中起着十分重要的作用，而且涉及大脑对行为做出奖赏的反应机制。当我们因自己做出的某种行为而获得了愉悦感，这种愉悦感就是由多巴胺产生的，于是当我们下次再做出这种行为的时候，就会预期自己能得到愉悦感的奖赏，如果我们的确再次得到了愉悦感，那么这种行为就会成为一种习惯。例如有的人吃甜食会有愉悦感，那么每当他知道自己即将吃到蛋糕时，他的大脑中就会自动分泌多巴胺。总之，当我们预期自己的某种需求和渴望得到满足后会有愉悦感时，多巴胺就会激励我们采取行动去满足这种需求和渴望。

多巴胺主要负责激发，使我们体验某种行为带来的快乐。也就是说，多巴胺为我们提供了追求目标的动力以及实现目标后所带来的满足感。研究显示，当一个人拥有高水平的多巴胺时，他会更愿意努力完成目标。而低水平的多巴胺会使一个人只愿完成一些简单的小目标。

在我们的大脑中，纹状体和腹内侧前额皮质是奖励和动机的关键区域，如果这些区域显示出了更高水平的多巴胺，就表示这个人是一个积极进取的人，会倾向于付出更多的努力来完成目标。而那些懒惰的、不愿意花精力做事的人，他的脑岛会出现更高水平的多巴胺，而这个区域负责自我意识、感知。

多巴胺这种神经递质可以使一个人在短时间内的情绪产生很大的波动。当一个人在药物的作用下分泌出过多的多巴胺时，他就会立刻变得快乐，甚至是亢奋起来，例如电影《无语问苍天》中的伦纳德，他在左旋多巴的药物作用下促使自己体内分泌出了过多的多巴胺，从而使自己清醒过来。

此外，多巴胺还会影响一个人的性格。每个人体内的多巴胺平均水平存在个体差异，而这种差异往往与性格特点密切相关，例如有的人总是很快乐，他体内的多巴胺平均水平可能就高于常人，而有的人很难快乐起来，他体内的多巴胺平均水平可能就偏低。而抑郁症患者的多巴胺平均水平可能是很低的，所以才导致他对周遭的一切失去了兴趣。总之，多巴胺与外向性（健谈、合群）、冲动性（乐观）这样的性格特点密切相关。

小脑异常导致认知功能障碍

　　敏敏和丈夫老刘从外地来到上海打工，在经过几年的辛苦努力后他们终于在上海立足，有了属于自己的家。后来敏敏怀孕了，在怀孕 5 个月时，她有段时间心情异常烦闷，所幸　段时间后，敏敏的烦躁感消失了。后来她生下了一个足月的男孩，她给儿子起名叫乐乐。由于敏敏和丈夫每天要忙着工作、挣钱，乐乐 1 岁半时，他们就把乐乐送进了家附近的托儿所。

　　乐乐 2 岁时，被父母接回了家。老刘开了一家烧烤店，不用每天按时上班，于是就承担起了照顾乐乐的责任。可老刘每天忙着照顾生意，没有时间和乐乐玩耍、交流，只是将乐乐安置在小店的一个角落里，还往乐乐的周围堆放了许多零食和玩具。

　　乐乐 3 岁时，老刘和敏敏考虑该将儿子送去幼儿园了。不久，幼儿园的老师就向他们反映，乐乐和其他的孩子相比起来显得很怪异，他从不和其他的小朋友一起玩耍，总是独自一人待着，就算老师主动与他交流，他也无动于衷，老师建议敏敏最好带着孩子去看看医生。其实，敏敏早就注意到了儿子的异常，她发现乐乐在一个人独处时最快乐，他从来不会紧跟着敏敏，即使敏敏上班离开家时乐乐也不会哭闹，每当敏敏下班回家时乐乐也不会觉察到。他喜欢一个人玩，周围的人对他似乎一点儿影响也没有，他不会对其他人产生反应，视线更不会转移到他人身上。当时敏敏每天忙着工作，就没把这件事放在心上，现在听老师反映的情况，才意识到了事情的严重性。于是，老刘和敏敏就带着乐乐去了医院，检查后医生告诉他们乐乐患有自闭症。

自闭症患者的主要表现有：言语发育障碍、人际交往障碍、兴趣狭窄和行为方式刻板，这些表现直接导致了患者的社会功能受损，尤其是他们的语言缺陷导致他们无法与正常人沟通，所以他们往往会被正常的人际关系所隔绝。有的自闭症患者就连父母也不能走进他们的世界，例如上述案例中的乐乐。

乐乐满足于一个人独处的状态，每当敏敏想要拥抱他时，他都不会给出任何回应。就算家里有人来访，也不会引起乐乐的注意。他丝毫不会留意他人，与任何人都没有视线接触，别人再怎么快乐、放声大笑都与他无关，他好像封闭在自我的硬壳之中。老刘和敏敏也试图打开乐乐的心扉，他们会邀请朋友和邻居的孩子来家里玩耍，可乐乐对新同伴毫无兴趣，连看他们一眼都不会。乐乐总是一个人玩玩具、玩游戏，他一个人的时候显得最快乐，每当有人想要介入他的游戏时，乐乐就会表现出极大的恐慌与愤怒。

之后，乐乐开始表现出语言发育障碍和刻板行为。乐乐在与父母交流时，通常只会使用几个固定的词语，而且无法区分人称代词，不论什么情景和场合中都只会用"你"，例如当乐乐脱下自己的鞋子时，他会说："你的鞋子脱了。"此外，乐乐每天还有许多强迫、刻板的仪式行为，比如每次睡觉时都需要母亲发出睡觉的命令，否则他就不会去睡。乐乐很喜欢反复地按照同样的方式搭积木，甚至连排列的积木哪一面朝上，他都得严格遵守，他有自己搭积木的规则和顺序，不可打乱。

自闭症的形成原因十分复杂，目前为止还在研究中，但有许多研究者倾向于认为自闭症的形成与小脑功能障碍密切相关。小脑的主要作用是调节认知、语言、记忆等方面的功能，尤其在调节运动的敏感性上起着十分重要的作用。此外，小脑还能对运动、语言、认知和记忆等方面的信息进行快速的加工整理，与额叶的信息加工系统密切配合。

小脑与额叶在信息加工方面的配合工作，可以使我们的大脑快速、准确地进行高级认知活动。如果小脑发生异常，例如出现损伤、细胞发育不全或细胞增生等，我们的语言、认知、记忆等功能就会出现异常，即使我们的额叶完好，也只能保证语言、认知、记忆等功能没有完全丧失，但会使这些功能的准确性和反应速度出现问题。这就是为何自闭症患者会出现言语发育障碍、人际交往障碍、兴趣狭窄和行为方式刻板等问题，因为他们的小脑机能出现了障碍，直接导致他们的认知功能出现了障碍。

除了小脑异常外，自闭症患者的其他大脑部位也有明显的异常，例如边缘系统。他们的边缘系统结构之间连接得太过紧密，与正常人明显不同，看起来好像没有发育成熟。

由于小脑异常，自闭症患者会出现许多症状，例如感觉失调、强迫性行为、注意力缺陷等，但这些都不及心理功能缺陷所带来的影响大。心理功能的缺陷会使自闭症患者完全沉浸在自己的世界当中，无法与其他人产生互动，不懂得猜测对方的想法，尤其缺乏模仿的能力。

在一个人成长的过程中，模仿成人是一项十分重要的能力。当一个婴幼儿和他的父母做游戏时，他会模仿父母的动作，并和父母产生互动，例如跟着父母学习搭积木；还会通过模仿来学会如何与他人进行互动，例如观察父母说话的方式以及面部表情、身体语言等，学会用一些动作或面部表情以及说话的语气来表达自己的情绪，同时通过观察对方的动作、表情和语气来揣测对方的心思。可自闭症儿童不会这样做。

　　这种正常人天生就具备的模仿能力，自闭症患者需要在经过一番艰苦的训练后，才有可能初步掌握，学会笨拙地与他人进行互动，可大部分自闭症患者依旧无法精确把握对方所流露出的表情及其代表的情绪意义。例如动物学博士天宝·格兰丁，一位著名的自闭症患者，她一直都在努力学习、练习如何与他人进行交流、互动。

　　电影《自闭历程》就是根据格兰丁的真实经历改编的。格兰丁很小的时候就表现出了自闭症的倾向，她很少说话，也很少与人进行交流，每当被人搂抱时，她就表现得极其不自然，会拼命挣扎着脱离对方的怀抱。

　　在电影中，格兰丁的母亲受过高等教育，当得知自己的女儿患有自闭症时，她很难接受，因为她还有一个孩了，那个孩了就很正常，可为什么格兰丁会患上自闭症呢？医生告诉她，自闭症的成因至今还不明了，极有可能是先天性的，医生还建议她最好将格兰丁送进福利机构。格兰丁的母亲没有同意，她参加了一个为言语障碍儿童设立的治疗项目，这个项目虽然并非为治疗自闭症而设立，却对格兰丁起到了一定的治疗作用。在母亲的努力下，格兰丁学会了说话和阅读。5 岁时，格兰丁被母亲送进了幼儿园，格兰丁开始和正常儿童相处。在上小学时，由于母亲和老师的帮助，格兰丁融入了同学之中。

　　到了青春期，格兰丁开始出现很多情绪问题，不过在周围人的帮助下她渐渐适应了新的学校生活，也学会了如何与同样处于青春期的同学们相处。在她看来，这种相处方式与她之前所学会的与儿童相处的方式完全不同。

　　格兰丁将自己所获得的成功归功于她的母亲，母亲在她的生命中扮演了十分重要的角色，是她的坚持治疗和教育，使得格兰丁渐渐适应了正常人的生活，并最终获得了动物学博士学位，成为一名动物学家。

在女儿刚被诊断为自闭症的时候，格兰丁夫人一直很痛苦且不解，但事实上，格兰丁会患上自闭症有一定的遗传因素。在格兰丁的家族中，她的父系、母系亲族中都有人患有抑郁症、焦虑症、惊恐发作的不安症状。例如格兰丁的祖母有轻度抑郁症，对声音十分敏感；她父亲的家族中有人表现出自闭倾向——脾气暴、刻板、极端不安等。

有研究者认为，遗传因素是导致自闭症出现的主要原因。一项双胞胎儿童的调查结果显示，如果双胞胎的一方患有自闭症，那么另一方患有自闭症的概率将会是 60%。而且在同卵双胞胎儿童中，如果一方患有自闭症，那么另一方患有自闭症的概率将远远高于异卵双胞胎儿童。

第五章

被削弱的勇气——自卑情结

摆脱自卑，追求优越感

伊丽莎白是《傲慢与偏见》中的女主角，她来自一个乡绅家庭，家中有 5 个姐妹，她排行第二。她虽然没有姐姐简长得漂亮，但活泼、聪明、富有智慧，深受父亲的喜爱。

按照当时的长子继承制，伊丽莎白和她的姐妹们并不能继承家产，如果她们的父亲班纳特去世了，他的财产则会由家族内的侄子继承，到那个时候她们姐妹的生活会变得更困难，要么仰人鼻息，要么被赶出家门。所以班纳特太太急切地想为女儿们找到好的归宿，当她得知新搬来的邻居宾利是个有钱有势的贵族之后，立刻按捺不住了，想要找个机会将女儿介绍给他，正好宾利准备举办一个舞会，并邀请了班纳特家的 5 个姐妹。

舞会上，急切的班纳特太太立刻将大女儿简介绍给了宾利，宾利对美丽的简一见钟情。除了宾利这个黄金单身汉外，宾利的朋友达西也是舞会上的焦点，他不仅长相英俊，还拥有几座庄园，家产雄厚。可出身富贵的达西是个傲慢无礼的人，他觉得在场的女士都透露着粗俗，不配成为他的舞伴。当宾利向他介绍简的妹妹伊丽莎白时，达西淡淡地说道："她长得还可以，但还没能引起我的兴趣。"本来，伊丽莎白对达西很有好感，但达西的这句话严重伤害了伊丽莎白的自尊心，她决定不再理睬这个傲慢无比的男子。

后来，达西被伊丽莎白的活泼可爱、聪明智慧所吸引，慢慢喜欢上她。但他觉得她的母亲和姐妹举止粗俗、无礼，还劝说宾利放弃和简结婚，他怀疑简并非真正钟情于宾利，只是看上了宾利的家产。在达西的劝说下，宾利不辞而别去了伦敦，简十分伤心，只能苦苦等待宾利回来。这件事让伊丽莎白对达西更加反感。

当达西终于鼓起勇气，不顾门第和财富的差距，向伊丽莎白告白时，伊丽莎白却因为对他的误会和偏见而拒绝了他，达西只能伤心离去。其实伊丽莎白也很伤心，她内心深处爱慕达西，想要答应他的求婚，却又无比讨厌他的傲慢。

第二年夏天，伊丽莎白跟随舅舅外出，偶然间来到达西的庄园，这时的达西已经不再那么傲慢，成了一位彬彬有礼的绅士，对待伊丽莎白等人很热情，这让伊丽莎白放下了对他的偏见。这时，伊丽莎白接到家里的来信，信中说她的妹妹莉迪亚和一个男人私奔了。这种家丑让伊丽莎白觉得难堪不已，唯恐达西会看不起自己。意外的是，达西在得知消息后，帮助伊丽莎白找回了妹妹。至此，伊丽莎白完全放下了对达西的偏见，最后有情人终成眷属。

伊丽莎白深知自己与达西的身份地位有着很大的差距，但她并没有放弃自己的自尊，刻意迎合，而是在达西面前表现得不卑不亢。这种自身尊严上的优越感来自伊丽莎白对自己智慧的自信。她是一个爱读书、爱思考的人，与母亲和其他姐妹不同，她拥有独立的思想，知道自己想要什么样的生活。因此当面对达西的傲慢时，伊丽莎白感觉自己的优越感受到了伤害，为了维护自己的优越感，伊丽莎白拒绝了达西，她曾经说过："他（达西）是绅士，而我是绅士的女儿。"伊丽莎白的言外之意是，她与达西之间尽管存在门第和财产的悬殊，但归根结底他们在精神层面都是平等的，达西应该收起他傲慢的态度。

每个人都在追求优越感，虽然我们很反感一个人在自己面前展现他的优越感，但不得不承认，追求优越感是人的社会属性之一。优越感可以让我们显得与众不同，可以维护我们的自尊，正如奥地利心理学家阿尔弗雷德·阿德勒说的："但凡有些成就的人，都在追求属于自己独有的那种优越感，它与生命的意义相关，这种意义不单单浮于表面，还体现在一个人的生活态度和生活模式上。"

每个人都有自卑心理，只是自卑的程度因人而异，正因为自卑，我们才会去追求优越感，想要努力做到更好，以补偿自己的自卑心理。也就是说，我们想要追求优越感，是因为我们感到了自卑，想要通过完成富有成就的目标来克服自卑感。自卑与优越感看起来截然相反，事实上密切相关，是同一心理现象的两个方面。

伊丽莎白之所以拒绝达西，是因为她被达西所表现出的优越感给伤害到了，英俊多金的达西让她感到自卑，所以当达西说虽然她的家世配不上自己但自己还是不可自抑地爱上了她时，这些话并没有使她感动，反而刺激到了她，伊丽莎白为了维护自己的优越感直接拒绝了达西。在伊丽莎白看来，她与达西之间是平等的，她并不卑微，她有自己独立的思想，有属于自己的优越感，如同她说的那句话："一个女人的骄傲可能来源于她的美丽，可一个女人的底气，却来源于她的学识。"

自卑心理会使一个人陷入脆弱感和彷徨感之中，为了摆脱这种糟糕的感觉，他会去寻找一个目标，并通过自己的努力达成这个目标，最后获得优越感，优越感可以证明他拥有超乎常人的能力，值得被尊重。在《傲慢与偏见》中，伊丽莎白总是捧着一本书，与其他不怎么读书的女孩子相比，她显得很特别，这也恰恰是她的优越感所在。她或许没有姐姐简漂亮，但一定比简有学识、有思考能力。达西会被伊丽莎白所吸引，就是因为伊丽莎白与他所认识的女孩不同，伊丽莎白有属于她自己的骄傲和底气。

优越感与自我价值密切相关，它使我们自爱，了解自己是与众不同的一个人，知道自身的价值所在，在面对人生的每一次选择时会更加慎重。伊丽莎白的优越感使她明白自己是一个值得被爱的人，不应该去刻意迎合达西，这使得伊丽莎白得到幸福的概率大大增加。

作为一种社会动物，我们会将自己与他人进行比较，当我们意识到自己与他人存在差距时，就会感到自卑，觉得自己不如别人。这个时候，我们就会给自己一种心理暗示："我的能力不如别人，我为自己的弱小感到羞愧。"

当自卑感产生的时候，不同的人会有不同的反应。有的人会利用这种自卑感，给自己制定一个目标，通过不断的努力来缩小与优秀者的差距，从而获得优越感。有的人则会选择另一种方式，他会将这种自卑感深埋心底，不轻易展现出来，甚至会排斥和厌恶这种感觉。久而久之，自卑感就会转化成心理问题，自卑感不再是他追求优越的动力，反而成了他前进道路上的绊脚石，让他异常害怕失败和他人的非议。

恰当的自卑感会促使我们对优越产生渴望，从而努力突破现状。但如果自卑感太过强烈，反而会使我们陷入病态的追求中。如果一个人非常自卑，那么他就会十分渴望获得优越感，他在给自己制定突破自卑感的目标时，往往不会考虑自身情况，所制定的目标远远超出自己的能力，甚至会幻想自己成为一个上帝般的人物，得到所有人的仰视，而这是根本无法实现的。

自负是一种常见的补偿用力过猛的心理现象。一个人深陷自卑心理时，对自我价值充满了怀疑，不相信自己能够获得成功，可为了逃避自卑带来的不适感，他又会做出努力来改变现状，可这种努力并非用在实际行动上，而是将自己伪装得比任何人都优秀，从而掩饰内心的自卑感，开始用自负来伪装自己。

自负的人为了证明自己很强大，会故意用语言贬低他人、抬高自己，总是表现出一副高傲的样子，并企图用高傲的姿态来迫使他人屈服于自己，从而使自己获得暂时的满足感。每当他刻意贬低他人来显示自己的强大时，他实际上是在用语言和心理暗示的方法激起对方的自卑感，让对方陷入自卑的不良感受中，从而达到衬托自己高傲姿态的目的。与恰当自卑的人不同，自负的人在摆脱自卑时所做的努力只是表面功夫，他只是将自己内心的自卑伪装起来，从而造成一种获得优越感的假象，他的强大就如同纸老虎一般一戳就破。而恰当的自卑会使一个人追求真正的优越感，获得真正的强大。

自卑是追求卓越的原动力

《功夫熊猫》中的阿宝是一只憨态可掬的大熊猫，他生活在山清水秀的和平谷中。和平谷里住着一群武林高手，阿宝是谷里少有的不会武功的居民。他的父亲鹅爸爸经营着一家面馆，一心想要将神秘的私酿秘汤的配方传授给阿宝，然后让阿宝继承面馆。

阿宝虽然在父亲经营的面馆里工作，却梦想成为和平谷里功夫第一的绝顶高手——神龙大侠。每天除了工作和吃面条外，阿宝最喜欢做的事情就是做白日梦。在白日梦里，阿宝不再是又胖又迟钝的熊猫，而是战无不胜的神龙大侠，仗剑走天涯，从未遭遇敌手，谷里的人对他又敬又畏，即使是神州大地上最英勇的勇士"盖世五侠"，也心甘情愿地拜倒在他的脚下。当然，这个梦想对阿宝来说几乎没有实现的可能，因为他只是一只好吃懒做的熊猫，再平凡不过。

乌龟仙师是和平谷里伟大的宗师，他在这里隐居多年。最近乌龟仙师有了一种不祥的预感，和平谷很可能要迎来一场腥风血雨，关押在黑牢中的大恶魔雪豹极有可能会突破困住他的黑牢，一旦他自由了，必定会来和平谷寻仇。于是乌龟仙师决定召开武林大会，选出一名习武奇才，由他亲自教导武功，去对抗雪豹，将大恶魔雪豹永远赶出和平谷。谷里的居民十分看好谷中的五大高手——娇虎、金猴、灵蛇、仙鹤和螳螂。

有着大侠梦的阿宝自然不会错过如此热闹的比武大会，得知消息后立刻准备占好位置观摩。但阿宝身材太过肥胖，笨手笨脚的他在路上耽误了许多时间，等他赶到武林大会的现场时，已经错过了很多好戏。就在乌龟仙师宣布获胜者的时候，阿宝阴差阳错地掉进了现场。然后阿宝这个看客莫名其妙地被乌龟仙师看中，他将要接受一番训练，然后和雪豹一决生死。

谷内的五名高手在得知这个戏剧性的结果时，表现出了不同的态度。正直、勇敢的娇虎将阿宝看成一个笑话；顽皮且热心肠的金猴则觉得即将有场好戏看了；优雅自信的仙鹤对阿宝很是同情；妖媚多姿的灵蛇则没有明显的态度，似乎在观望事态的发展；螳螂一边无奈于阿宝的笨手笨脚，一边暗中帮助阿宝练习武功。被乌龟仙师要求教导阿宝的浣熊师父在得知阿宝不会武功的事实后，虽然很无奈，但觉得这是天意，只好接受了阿宝。对他来说，在短时间内将一个除了做面条什么都不会且笨拙的熊猫训练成一个绝顶的武林高手，将是他人生中的一大挑战。

浣熊师父虽然是一代宗师，有一身的好功夫，却有一个一直无法释怀的心结。大恶魔雪豹曾是他的得意门生，却从他这里偷走了《神龙秘籍》。从那以后，浣熊师父就变得沉默寡言起来。

刚开始练武的阿宝表现得非常笨拙，浣熊师父开始对他绝望，就去找乌龟仙师，希望能换个徒弟，但乌龟仙师不同意，他认为阿宝一定能成为武林高手，只是得有人努力将阿宝的潜能挖掘出来。在一次练武时，浣熊师父意外发现了阿宝的潜能，之后，浣熊师父开始使用特别的教学方式，总算完成了乌龟仙师交代的任务，短时间内将阿宝训练成了一个武功高手。

不过，浣熊师父一直没有放下心结，他觉得雪豹是自己的徒弟，就应该由他来清理门户。于是浣熊师父交给阿宝武功秘籍后，就让他和其他五个高手带着和平谷的居民先行逃离，他决定自己对付雪豹。

阿宝在逃亡的过程中打开了秘籍，令他吃惊的是秘籍竟然是空白的，什么也没有。后来阿宝从父亲那里得知，家里根本没有什么祖传的秘方，他们家的面之所以好吃，是因为面本身味道好，这才是他们家真正的秘方。父亲的这番话令阿宝联想起了师父送给自己的那本空空如也的武功秘籍，他忽然明白，根本没有什么秘籍，空白秘籍想要表达的意思是练武的最高境界是突破自我。于是阿宝决定不再逃亡，回去帮助师父击败大恶魔。

大恶魔雪豹为了复仇已经等了20年，本以为会等来一个势均力敌的高手，没想到等来的却是一只看起来很笨拙的大熊猫。在两人的打斗中，阿宝利用浣熊师父传授给自己的招式以及自己对武功的领悟，终于战胜了雪豹，给山谷带来了新的和平。

阿宝这只完全不懂武功的熊猫最后会成为武林高手，这是谷里所有居民都没有想到的，恐怕连阿宝也没有想到自己有一天真的成了一个武林高手。当初，他为什么会有这样不切实际的梦想呢？阿宝在面馆里工作，按照鹅爸爸的说法，将来阿宝是要继承面馆的，而且阿宝还是和平谷里少有的不会武功的居民，以阿宝所面临的现状，他的梦想不应该是成为武林高手，这太不切实际了。阿宝之所以如此痴迷于武功，如此渴望成为武林高手，与他的身世密切相关。

没错，鹅爸爸不是阿宝的亲生父亲，他只是阿宝的养父。在阿宝小时候，熊猫家族遭遇了一场灭顶之灾，他的许多同胞都惨遭杀害，他的父母在慌乱之中与儿子失去了联系。后来鹅爸爸在一个萝卜筐里发现了小阿宝，于是将小阿宝带回家抚养。

阿宝幼时遭遇的灭顶之灾对他来说势必是一场创伤体验。他差点儿被仇人杀害，这除了让他感到恐惧外，还使他产生自卑，这种自卑来源于他的弱小，如果他是一个武林高手，可能就能阻止这场灾难。所以阿宝渴望自己能够变得强大，强大到成为"神龙大侠"，成为一个被所有人仰视的大侠。

在一个人成长的过程中，当他意识到了自身的缺陷和弱小时，他就会产生自卑心理，为了摆脱这种令人不适的感觉，他的内心深处会产生一个目标，一个让自己变得强大、优秀的目标，从而弥补自身的缺陷和弱小。通常情况下，他会寻找一个他所知的强大人物作为榜样，崇拜他，并将他视为人生偶像，渴望能成为像他那样的人。阿宝虽然不会武功，却一直将"盖世五侠"视为自己的榜样，他甚至产生了想要超越"盖世五侠"的想法，由此可见，阿宝想让自己变得强大这个需求是多么强烈。一旦阿宝变得强大后，他就不用担心自己会遭受幼年时期的那种恐惧、不安，他不仅可以避免遭受欺负、杀害，还可以帮助他人，成为一个惩恶扬善、造福一方的大侠。

心理学家阿德勒认为，如果一个人意识到自己存在某方面的缺陷，那么他的内心就会产生一个克服这个缺陷的目标或理想。也就是说，弥补缺陷会成为一个人的奋斗目标，会促使他超越自己所面临的现状，从而克服当前的困难。我们内心所产生的目标和理想，会成为我们克服困难的动力，因为我们会事先想象自己达成目标和理想后的样子和感受。例如阿宝会想象自己成为"神龙大侠"后受人敬仰、无所畏惧的英雄模样，所以即使他不会武功且一开始被认为毫无天分，也会坚持练武，最终在浣熊师父的教导下成为武林高手。

阿德勒所创立的个体心理学的主要理论就是自卑与超越，这与他的个人经历密切相关，他的人生相当励志，就是一个不断超越自卑、追求优越的过程。因此，他认为自卑感是一个人追求卓越的原动力。

阿德勒出生于一个富裕的犹太家庭，他的父亲是一个富商。但阿德勒的童年过得并不快乐，他在家中6个孩子中排行第三，从小体弱多病，患有佝偻病，直到4岁才学会走路。5岁那年，阿德勒差点儿死于肺炎。当时阿德勒在一个男孩的带领下去滑冰，那是一个寒冷的冬日，后来男孩抛下阿德勒独自去玩，阿德勒只能自己跌跌撞撞回家。回家后，阿德勒就病倒了，并感染了肺炎，当时医生都认为阿德勒活不了了，可他幸运地战胜了死神。

这些不幸的经历使阿德勒对自己的身体状况产生了自卑心理，他渴望战胜自卑，成为一个拥有健康体魄的人，于是医生成了他心目中的榜样和目标，他认为医生可以帮助人们战胜疾病和死亡，所以他立志成为一名医生。可是，当时阿德勒的学习成绩并不理想，他的老师并不看好他，就连父母也劝他放弃，但阿德勒坚持了下来，并凭借着顽强的意志，努力学习，获得了优秀的成绩。最终阿德勒在自己的不懈努力下终于达到了目标，成了一名医生，后来还成为一名著名的心理学家。他从自卑走向了超越。

自卑与超越的例子十分常见，例如古雅典雄辩家德摩斯梯尼。德摩斯梯尼天生有口吃的毛病，而且嗓音微弱，但他立志要成为演说家。在当时的雅典，一个人想要成为演说家，除了要富有辩才外，更重要的是必须声音洪亮，发音必须清晰，这些特质德摩斯梯尼都没有。为了达到成为雄辩家、演说家的目标和理想，德摩斯梯尼付出了超越常人数倍的努力，进行了异常刻苦的学习和训练。

最初，当德摩斯梯尼当众发表演说时，听众根本不买他的账，总以发音不清、论证无力的理由将他轰下讲坛。德摩斯梯尼并未气馁，他开始刻苦读书学习，光《伯罗奔尼撒战争史》就抄写了 8 遍。为了克服口吃和气短的毛病，他虚心向当时著名的演员请教发音的方法，为了改进发音，将小石子含在嘴里朗读，迎着大风和海浪讲话。在经过数年的努力后，德摩斯梯尼这个口吃的人终于成了雅典著名的雄辩家和演说家。

人人都渴望完美，但没有谁的人生是完美无缺的，有缺陷且意识到自己的缺陷就会出现自卑感。任何事物都有两面性，有消极的一面，也有积极的一面，自卑感也是如此。自卑感消极的一面会使人逃避困难，不再有勇气战胜自己的缺陷；自卑感积极的一面则会促使我们奋发图强，变得更加优秀，这其实是补偿心理在起作用。

自卑感背后的补偿心理会使我们战胜自己的缺陷，甚至超越缺陷。例如德摩斯梯尼这个有口吃毛病的人，明明不适合演讲，曾因为演讲受到人们的嘲笑，但他通过自己的努力弥补了口吃的缺陷，完成了追求卓越的目标。

当自卑发展成自卑情结

　　盖茨比，一个出身贫寒的暴发户，靠着倒卖酒水发家。有钱后的盖茨比每天晚上都会在他的豪宅内举办大型宴会，宴会极尽奢侈，宾客们可以在这里整夜狂欢，花园、跳台、游泳池、两艘小汽艇，都免费开放，轿车和旅行车被当成公共汽车一样地接送客人；各种水果、酒水、食物应有尽有。盖茨比这样挥金如土，是为了吸引一个女人的注意，这个女人是他的前女友黛西，他想通过夜夜笙歌这种方式吸引黛西主动来到这里参加聚会。

　　年轻时，穷小子盖茨比与漂亮的富家女黛西相识相恋。在第一次世界大战爆发后，盖茨比作为一名普通士兵去往欧洲战场参战。不久之后，盖茨比就得知了黛西结婚的消息。黛西嫁给了一个富家子弟汤姆，从那以后黛西就成了盖茨比的一个心结。黛西之所以离开盖茨比，并不是因为他去参战，只是因为他是一个穷小子，与她并不般配，盖茨比自然也知道。因此他的心底留下了深深的自卑情结，这种自卑让盖茨比格外看重金钱和地位，他不计一切想要变成富人，想要挤进黛西所在的上层人的圈子，为此甚至做起了倒卖酒水这样的非法生意。

　　有钱后，盖茨比决定彻底摆脱自己寒微的出身，他编造了一连串关于自己的神秘传说，他告诉人们自己出身于贵族，毕业于名牌大学，还是战场上的英雄。在邻居尼克来拜访盖茨比时，盖茨比是这样介绍自己的：

"我是中西部的一个富家子弟，全家都过世了，只剩下我自己。我在美国长大，在英国牛津大学接受教育。我家的祖祖辈辈都在牛津大学接受教育，这是我们的家族传统。"富家子弟尼克知道盖茨比在说谎，不过他并未拆穿。后来盖茨比向尼克讲述了自己的爱情故事，尼克听后很感动，于是决定帮盖茨比牵线，因为盖茨比的心上人黛西正是尼克的远房表妹。

盖茨比如此在意这段感情，除了因为他爱黛西外，更重要的是为了证明自己，这是一种自我肯定。盖茨比因为贫穷而失去黛西，或者说从他一开始和黛西谈恋爱时，他就被自卑感所困扰。黛西的离去使他形成了自卑情结，于是他必须得用财富和成功来努力证明自己，从而获得优越感。

自卑感来源于比较心理，有时是有意识的比较，有时是无意识的比较。当我们发现自己某方面比别人强时，我们就会产生优越感，相反则会产生一种比不上的低价值的感受。例如很多人在小时候都会被父母拿来和其他孩子进行比较，等成年后，他们的性格虽然已经形成且稳定，父母也很少再拿他们和别人进行比较了，但他们自己却会不自觉地开始和其他人比较，例如比较长相、身材、身高、学历、工作等，以此衡量自己和别人的优劣。

自卑是一种再正常不过的心理，每一个人身上都有自卑感和追求优越感这两种心理。我们总会与他人进行比较，总会因不如别人而感到自卑，每当感到自卑时，我们就会去追求优越感。也就是说，我们会去追求优越感就是因为我们感到了自卑。在追求优越感的过程中，我们会通过自己的努力克服自卑感。

心理上的自卑是我们每个人都要面临的问题，我们会因自卑而感到紧张，想要努力摆脱自卑。因此自卑感虽然会给人带来不好的情绪体验，但在一定程度上能够成就一个人，促使一个人完善自己。

可如果自卑感太过强烈，那么自卑情结就会出现。自卑情结是一种过度、反常的自卑心理，在自卑情结的影响下，一个人会迫切需要得到心理补偿和满足，这种迫切的心理会成为一个人追求成功道路上的绊脚石，还会削弱一个人战胜困难和自卑的勇气。

盖茨比在自卑情结的影响下，迫不及待地想要获得财富，于是他开始倒卖酒水。盖茨比通过这种非法手段得到了自己梦寐以求的财富，看起来他战胜了自卑感，但事实上他追求优越感的需求并未完成，他没有战胜自卑，反而失去了战胜自卑的勇气。于是他谎称自己出身贵族且毕业于名校，他害怕承认自己出身寒微，因为他觉得这样会被人嘲笑、看不起。所以他在自己有钱后在豪宅里举行奢侈的宴会，他在吸引黛西的同时，也在向所有人炫耀自己的财富。

黛西，一个美丽的富家千金，她性格的主要特点就是拜金和软弱，这决定了她不会跟盖茨比结婚。在和富家子弟汤姆结婚后，黛西发现婚后生活并非自己想象中那样幸福，因为她的丈夫在外面有很多情人，她甚至因为丈夫的婚外情被发现后的舆论压力不得不搬到纽约居住。可来到纽约后不久，汤姆就又有了新的情人。

当尼克将盖茨比的信转交给黛西时，黛西立刻反悔了，于是她开始和盖茨比约会，并经常有意挑逗盖茨比。盖茨比一直认为，黛西离开他完全是因为钱，黛西从始至终爱的人只有他一个，她从来没有爱过她的丈夫。因此当黛西向他示好时，他立刻陷了进去，盖茨比以为他会在这段感情中获胜。事实上，黛西一直在这两个男人中间摇摆不定，她在嫁给汤姆时，爱上了汤姆，可汤姆的风流债又使她轻易地投向了盖茨比的怀抱。

盖茨比为了证明黛西对自己的爱，不止一次逼迫黛西否认她与丈夫的感情，还要求黛西与汤姆离婚。盖茨比的这种过激行为使得黛西多次情绪失控，她只能提出与盖茨比私奔，因为黛西软弱的性格使她没有勇气面对丈夫的质问和社会舆论的谴责。所以她觉得私奔是最好的办法，她只需要依靠着盖茨比，好好地在某个地方享受幸福的生活就行了。

当黛西得知丈夫的新情妇是个来自下层社会的女人时，她的心情糟糕透了，于是愤怒之下开车撞死了她。事后，黛西很害怕，她向盖茨比寻求帮助，盖茨比决定帮黛西顶罪。当警察找到汤姆时，汤姆一边否认他与死者的情人关系，一边准备将祸水引到盖茨比的身上。在汤姆的挑唆下，他情妇的丈夫向盖茨比寻仇，一枪打死了盖茨比。

盖茨比死后，黛西立刻转而靠向汤姆的肩膀，像无事一样和汤姆去欧洲旅行。黛西或许内心深处爱着盖茨比，可她只是一个软弱的女人，在现实面前只会选择屈服。她所面临的境况是，越远离盖茨比她就越安全，而能够为她提供温暖和安全的人只有汤姆。

实际上，之前汤姆在得知妻子黛西与盖茨比约会时，立刻派人调查了盖茨比的底细，这样一来他就掌握了盖茨比的软肋。他会对付盖茨比，并不是因为他有多爱黛西，只是潜意识里将黛西看成是自己的一件物品，他不允许别人觊觎自己的东西。

在与盖茨比的较量中，汤姆揭露盖茨比只是一个出身低微的暴发户，根本不是什么贵族，而且并不是真正的名牌大学的毕业生，做的生意也不光彩。盖茨比最在意的就是自己的出身和财富，他对自己的出身一直非常自卑，当被汤姆揭开他自卑的心理伤疤后，盖茨比不再是那个冷静、自信的绅士，他变得暴跳如雷，情绪一度失控。

我们每个人都多多少少有一些自卑感，这种自卑感来源于我们对现状的不满意，为了改变现状，我们会鼓起勇气去努力、去克服困难。但如果一个人的自卑感特别强烈，那么他可能会给自己制定一个更高的目标，这个目标往往脱离了实际，也就是说他根本无法或者很难实现，于是他会丧失信心，克服自卑的勇气也会被削弱。他开始意识到自己无法改变目前的处境，于是只能说服或强迫自己凭空产生优越感，假想自己战胜了自卑。

盖茨比渴望融入上流社会的圈子中，他知道只有钱是不行的，那些真正的贵族根本看不上他这样的暴发户。于是盖茨比编造说自己出身贵族、毕业于名校，他这样做无异于掩耳盗铃。他并非战胜了自卑，而是将自卑隐藏在光鲜亮丽的生活背后，这只能让他的自卑情结越来越严重。

所以当盖茨比被汤姆揭短、嘲讽时，盖茨比身上的绅士风度立刻消失了，他变得如野兽般暴躁。盖茨比再一次被现实痛殴，他再次被迫明白，他与黛西属于完全不同的两个阶层，而汤姆与黛西属于同一阶层。他开始意识到自己与黛西在一起是完全不可能的事情，他也不可能真正融入上流社会。于是盖茨比从一个风度翩翩、自信满满的绅士，变成了一个脆弱的男人，他乞求黛西能理解他，能陪在他身边。他的自卑感并没有因为自己雄厚的财富而消失，他一直被自卑困扰着。

摆脱自卑的枷锁

英国 19 世纪知名作家威廉·萨默塞特·毛姆的代表作品《人性的枷锁》是一部半自传体小说，小说的主人公菲利普是一个迷茫的年轻人，他的前半生被失望、挫折和痛苦所折磨。这些都与他的自卑情结密不可分，自卑的心理深深地根植于他的生活中。

菲利普从出生起就跛足，跛足的生理残缺使得菲利普在特坎伯雷的皇家公学里备受同学们的欺辱。那个时候，菲利普日夜向上帝祈祷，希望上帝能赐予自己和别人一样正常的腿脚，可是上帝没有理睬他，他的愿望落空了。

菲利普自幼失去父母，伯父凯里不得已收养了他。凯里是一个牧师，一直想用自己所信仰的宗教去影响菲利普，控制着菲利普所读的学校以及职业选择。他希望菲利普能完全按照自己规定的模式走下去，上教会学校，在毕业后成为一名像他一样的牧师。菲利普虽然在一个非常浓厚的宗教信仰环境中长大，却对宗教渐渐失去了热情，最终在他自己的争取下，他终于摆脱了成为一名牧师的命运。

与情感冷淡的伯父不同，菲利普的伯母路易莎是一个性格很温柔的女人，在她的悉心照顾下，菲利普体会到了母亲般的温暖。

毕业后，菲利普不顾伯父反对，坚持到德国海森堡求学，在那里他交了两个朋友，分别是来自英国的海沃德和来自美国的威克斯。在这两个朋友的影响下，菲利普开始对宗教产生了质疑。

在一个假期，菲利普回到了英国，认识了威尔金森小姐，在威尔金森小姐的挑逗下，两人互生情愫，但他并不是真心爱恋威尔金森小姐，只是深陷性欲之中无法自拔，想要在威尔金森小姐身上满足自己的情欲。对于这段关系，菲利普一直感到很痛苦，他想要摆脱这段关系，获得真正的爱情。与此同时，一个名叫诺拉的女人频频向菲利普示好，菲利普只觉得她很亲切，像姐姐、母亲，这并不是他想要的爱情。当诺拉意识到菲利普不可能爱上自己后，只能伤心地离开。

之后，菲利普去了伦敦，并成为一名会计的学徒。很快，菲利普就对枯燥的生活感到厌倦，他想要到巴黎去学习艺术。在路易莎伯母的资助下，菲利普在巴黎学了两年绘画。在巴黎，菲利普认识了一些朋友，其中一个名叫普莱斯的小姐十分喜欢菲利普。只是，普莱斯是一个脾气怪异且毫无绘画天分的人，不论她对绘画艺术投入多大的热情，她依旧被拮据的现实生活折磨着，后来无法忍受贫困的普莱斯小姐在自己的出租屋里上吊自杀了。

普莱斯的自杀震惊了菲利普，对照着身边热爱艺术且生活没有着落的同学和老师，菲利普开始思考自己是否能靠着对绘画的热情而生活下去，最终菲利普得出结论，他必须得有稳定的经济收入。他知道自己在艺术上资质平平，不会有建树，而且很少有画家可以在有生之年仅靠着画画养活自己。在伯母去世后，菲利普所获得的资助一下子中断了，他不得不开始思考现实，于是他回到了英国，并决定到父亲的母校圣鲁克医学院学习医学，从而获得稳定的经济收入。

在伦敦，菲利普爱上了女招待米尔德里德。菲利普害怕自己被米尔德里德看轻，十分在意自己跛足的毛病，在股票市场小赚了一笔钱后，他不顾风险，做了一次足部手术，好让自己的走路姿势显得更自然一些。面对菲利普的求爱，米尔德里德并不关心，她是一个自私自利的女人，但每当自己被人抛弃、落魄时，她就会去找菲利普帮忙，有了新欢后再将菲利普一脚踢开。

当菲利普得知米尔德里德与他人在一起并怀孕后，他放弃了追求米尔德里德，转而和一名女作家谈恋爱。当米尔德里德被人抛弃之后，她又找到了菲利普，菲利普于是与女友分手，努力接济米尔德里德的生活。之后米尔德里德爱上了菲利普的朋友哈利，又抛弃了菲利普。

菲利普从见到米尔德里德起，就不可抑制地爱上了她，这与他对威尔金森小姐的感情完全不同，这并非一种建立在性欲层面的爱恋，而是在精神层面上的。因为爱，菲利普可以一次次地原谅米尔德里德，不论她如何对待自己，还是竭尽所能地照顾米尔德里德和她的女儿。

米尔德里德不仅不珍惜菲利普对她的爱和帮助，反而仗着菲利普的爱过起了奢侈的生活。菲利普为了支撑米尔德里德挥霍无度的生活，就铤而走险投资了南非矿产的股票，不幸的是投资失败了，菲利普面临破产，他变成了一个身无分文的人，不得不离开医学院，到亚麻布公司开的商店打工，靠着做引导员赚取微薄的收入。在菲利普破产后，米尔德里德立刻离开了他，转而投进了其他男人的怀抱。

后来，菲利普认识了萨莉。对于菲利普来说，萨莉是他第一次灵与肉相统一的恋爱对象，而萨莉也全心全意地爱着菲利普。在伯父死后，菲利普得到了一笔遗产，这次他不再被经济问题所困扰。在这个经济较为宽裕的时期，菲利普萌生了去西班牙旅行的想法，这是为了他的艺术理想。于是菲利普陷入了理想与现实的两难境地，他希望能完成自己的艺术理想，可也知道自己即将面临建立家庭的现实，而建立家庭需要有稳定的收入，他应该利用这笔钱继续到医学院学习。就在这时，菲利普得知萨莉怀孕了，他果断放弃了之前游历西班牙的计划，与萨莉结婚，下定决心与萨莉开始幸福而美好的家庭生活。他也因此得出了"生活本身是无意义的"这样的结论。

当菲利普再次遇到米尔德里德时，发现她再一次被男人抛弃，此时的她已经沦为妓女。菲利普看她可怜便收留了她，米尔德里德企图引诱菲利普，只是此时的菲利普已经不再爱她，对她的引诱无动于衷，米尔德里德一怒之下离开了菲利普。后来，米尔德里德在孩子病死后，再次沦落风尘。

对于菲利普来说，他陷入自卑情结中是不可避免的，他缺乏父母之爱，有身体缺陷，还生活在一个冷漠的环境中。长大后，菲利普开始尝试摆脱自卑，努力寻求补偿，例如与伯父抗争，到巴黎学习艺术，他希望通过艺术来证明自己存在的价值。当一个人感到自卑时，他就会觉得自己的存在价值受到了威胁，就想要通过追求成功来证明自己。但艺术的道路没有菲利普想象中的那样容易，他在普莱斯小姐自杀后开始面对现实，于是他回到了伦敦。基于现实的考虑，菲利普开始进入医学院学习，希望可以获得稳定的经济收入。这是他抗争的失败，他对于医生的职业并没有多么在意，所以后来还萌生了去西班牙追求艺术之旅的想法。

因为跛足的身体缺陷，菲利普走起路来不如其他人那样自如，他因此遭到了同学们的嘲弄。那时的菲利普在伯父的影响下信仰宗教，当他意识到跛足是只有自己才有的毛病时，他开始向上帝祈祷，希望能像其他人一样拥有健康的腿脚。对于菲利普来说，这是他内心中最本质的理想，他希望实现，当他意识到这个心愿根本无法实现后，他就将这种自卑感压抑了起来。压抑在潜意识里的自卑感一直困扰着菲利普，所以当他爱上米尔德里德后，他就去做了具有风险的足部手术，想通过这种方式来消除跛足给自己带来的脆弱感和羞耻感。

阿德勒在提出自卑情结的时候，将自卑分成了原生自卑和次生自卑两种。当原生自卑和次生自卑产生纠缠的时候，当事人就会陷入自卑的恶性循环中，自卑情结由此而生。

原生自卑与一个人的原生家庭密切相关，产生于一个人的儿童时期。当儿童意识到世界上除了父母还有其他人存在时，他就会将自己与他人进行比较，于是不足感就出现了。不足感通常与一个人的个体生长发育速度落后于同龄人、贫困的家境、不当的家庭教育等方面密切相关。菲利普就因为跛足而自卑，同学们当中只有他自己一个人跛足，这是他的劣势。

除了像菲利普这样具有身体缺陷的情况外，最常见的导致原生自卑出现的原因是不当的家庭教育。如果一个儿童总是被父母贬低，父母总是强调他的缺点和所犯的错误，那么他就会产生无助感，觉得自己是一个弱小、脆弱的人，比别人低一等。有的父母十分溺爱孩子，这种溺爱的教育方式同样不当，它剥夺了儿童的自我存在价值，使儿童觉得自己只能依赖别人。原生自卑是一个人最初的自卑感，会根深蒂固地存在于一个人的脑海里。

弗洛伊德曾提出过一个自我防御机制的理论，他将人格结构划分为本我（人格结构的最底层，主要指先天的本能和欲望，遵循快乐原则）、自我（人格结构的中层，从本我中分化出来，主要调节本我与超我之间的矛盾，遵循现实原则）和超我（人格结构的最高层，道德化的自我，主要作用是抑制本我的冲动，监督自我，遵循道德原则）三个层次。当超我与本我之间发生矛盾时，自我防御机制就会出现。在阿德勒看来，这种自我防御机制也适用于自卑心理，只是用"自我保护倾向"来形容更为贴切。

当一个人与他人进行比较后发现自己的不足时，为了抵御这种负面影响，自我保护倾向就会出现，它会帮助一个人摆脱自卑感，使一个人想象自己弥补了不足。这相当于一个虚构的目标，会给人指明努力的方向，从而减轻自卑所带来的负面感受。例如一个人成长于一个贫困的家庭中，他因贫困而自卑，于是就想象自己将来能拥有很多财富，赚钱就会成为他的目标，他会努力获得更多的财富，从而减轻自卑感。如果一个人在童年时期遭遇了很多创伤，例如遭受同龄人的欺凌，那么他会想象自己变成了老师或心理医生，这样一来他就能帮助更多和他有着同样遭遇的孩子，这个目标会给予他战胜痛苦和无助感的勇气。

当儿童渐渐长大，成年的他开始面对很多现实问题，他或许意识到了自己没有能力实现自己的目标，摆脱自卑的枷锁，这时他会再次被自卑感困扰，这便是次生自卑。从小被伯父控制着的菲利普不想成为一名牧师，于是他努力摆脱伯父的控制，在伯母的资助下前往巴黎学习绘画，他本以为凭借自己对艺术的热情一定能有所建树。可现实是残酷的，当成为知名画家的目标落空后，菲利普开始意识到自己是一个生活没有着落的人，他一直都在依靠伯母的资助，这与他幼年父母逝世后所体验到的无助感十分相似。

次生自卑会唤醒一个人潜意识里隐藏着的恐惧感、羞耻感和脆弱感，这些负面感受都是他对原生自卑的记忆。一个没有摆脱原生自卑困扰的人，在面对次生自卑时，很容易产生自卑情结。自卑情结会使他丧失战胜自卑的勇气，他会觉得无助、脆弱，觉得自己总是需要依赖别人，根本没有能力去实现心中的理想。

一个受到原生自卑困扰的人会为了自我保护而为自己设立一个目标，让自己有一个努力的方向，但当他成年后发现自己根本无法通过努力实现这个目标时，次生自卑就产生了。他重新被自卑的负面感受影响着，将自己困在了自卑情结的枷锁里。

凡是产生自卑情结的人，所经历的打击通常不止一次。如果一个人只经历了一次偶然的打击，他只会一时陷入低迷之中，一般很快就会恢复过来，他只是暂时地感受到了自卑，并不会产生自卑情结。可如果一个人从小到大经历了无数次挫折，又经常遭受父母、老师、同学的指责和嘲讽，那么他的自我价值感会被消磨殆尽，他也会越来越难以摆脱自卑的束缚。

陷入自卑情结的人通常会有以下几种表现：

1. 强烈的自我怀疑和不安全感，不相信自己的能力和存在价值，为人处世时显得害羞、懦弱且无责任心，他们不确定自己是否有能力承担责任。菲利普会心甘情愿地接受米尔德里德的摧残，就是因为米尔德里德完全忽视了菲利普的需求，她不会给菲利普那种被需要的感觉，而这恰恰是恋爱关系中所必需的。菲利普不想享受被需要的感觉，因为他不确定自己是否有能力承担起这段恋情的责任。

2. 孤僻，从不与他人来往，从亲朋好友的社交圈中消失。他们害怕和他人进行比较，因为这样会使他们陷入自卑之中，如果不再与他人交往，就不会产生比较心理，自己也就不必被自卑感所困扰。

3. 与孤僻者相反，有的人在自卑情结的影响下会急切地渴望得到他人的关注，从而获得自我价值的肯定。他们因为自卑情结的影响，长期被自卑感和低自尊感折磨，无法肯定自己的价值，只能依赖外界的关注，由此获得自我价值的肯定。好莱坞动画电影《神偷奶爸》中，格鲁做了许多坏事，例如惹哭小朋友、强抢汉堡等，他之所以会做这么多惹人讨厌的事情，就是想引起别人的关注。这是他自卑心理的投射，因为他小时候有个登上月球的梦想，这个梦想没有得到母亲的肯定，反而被母亲一次又一次地忽视。

4.有的人会表现得争强好胜，他渴望用突出的表现来弥补自己内心的自卑感。因此他们会表现出比常人更强的好胜心，想要处处强过其他人，将自己伪装成一个很优秀的人。但这只是一种伪装而已，他的内心深处依旧充满了对自我的怀疑。

自卑情结还可能会使一个人发展成自恋的性格。有的自恋者会表现得极其自负，他认为自己就是世界的中心，是最优秀的人，比其他人都要优秀。他希望别人能满足他以自我为中心的自恋心理，一旦有人没有满足他，比如没有给他应有的尊重，他就会变得极其愤怒，甚至会做出报复对方的行为。他在用这种极端的方式维护自己的价值，避免自卑心理的出现。

另一些自恋者则会表现得十分敏感、无助、脆弱，害怕被人拒绝和抛弃，十分在意他人的看法，将他人的关注视为对自己的肯定。这种通过他人来获得自我价值肯定的方式是很危险、很被动的。

一定程度的自卑会成为一种内在动力，促使一个人努力取得卓越的成就，这是正常且健康的自卑心理。可自卑情结却是不健康的，他会使一个人变得孤僻、不合群，甚至成为一个自私、以自我为中心的人。因此想要摆脱自卑情结的枷锁，就必须从以下几方面着手：

1.认识到自卑也有积极的一面，自卑对人的影响并非全是负面的，自卑能给我们提供努力提升自己的动力。

2.将原生自卑和次生自卑分开处理。首先，我们需要认识到自己还在被原生自卑影响着，这样我们就需要好好地对待自己的原生自卑，了解到实际上原生自卑才是导致我们低自尊的源头。其次，我们需要明白自己目前所遭遇的失败和挫折与童年时期的不一样，自己并非不如人，那些挫折和失败只是单独存在的事件，与自我价值无关。此外，我们还要认识到自己已经成年，有机会重新对自我进行评估，这个评估必须是积极的，这样我们才能摆脱自卑的负面影响。

3. 建立一段持久而稳定的亲密关系。作为社会性动物，我们需要与他人进行交流，从亲朋好友那里获得积极正面的鼓励，他人的积极评价会使我们的自卑感得到缓解，使我们将注意力从自己的缺点上移开，转而关注自己的优点。当一个有着自卑情结的人开始看到自己的优点时，这就意味着他开始肯定自己的价值了。

第六章

你可能也有的小“怪癖”——不同性格类型

性格中爱表演的一面

　　慧慧的男朋友小强是一名优秀的律师，慧慧第一次认识小强时就立刻被他非凡的魅力所折服了，他是一群朋友中最引人注目的那个人。在两人正式确立男女朋友关系后，慧慧带着小强去参加朋友们的聚会。聚会上，小强的能言善辩引起了所有人的注意，很快就与慧慧的朋友们打成了一片。

　　相处了一段时间后，慧慧渐渐发现了小强性格中爱表演的一面。他总是处于一种表演的状态中，总想引起所有人的注意，例如当两人和朋友们一起聚餐的时候，小强总会想尽办法引起大家的注意，否则他不会罢休，有时候他甚至会做出一些失态的举动，比如发火。

　　后来慧慧开始试着告诉小强，说他不应该总想引起别人的注意，更没有必要因为别人不在意他而发火，别人的看法对他自己来说并不重要。听到慧慧这样说后，小强十分伤心，他难以接受慧慧的这种看法，他表示自己根本没有想要吸引别人的注意，至于发火不过是一时冲动。

　　最让慧慧苦恼的是，小强就连和她在一起时，也总有表演的痕迹，不论她如何努力地劝说，都无法使小强放松下来，她更没有见过小强最真实的一面。和小强相处的时候，慧慧必须时刻保持对他的关注，只要慧慧的态度稍显冷淡或疲惫，小强就会生气，甚至会通过装哭来让慧慧安慰他。最关键的是，小强从不觉得自己的行为方式有什么问题，他也从来不认为自己是一个喜欢被人关注的人。

像小强这样有表演型性格的人在生活中十分常见，他们喜欢展现自己，甚至认为自己活着就是为了成为万众瞩目的焦点。拥有这类性格的人往往无法发觉自己的表演型性格特征，也认识不到自己的情绪会随着别人的关注而出现波动。例如小强每次发火的原因都是，不论他如何表现，对方都没有向他投来关注的目光。但小强意识不到自己发火的真正原因，只归结于对方惹恼了他。

一个拥有表演型性格的人会因为自己吸引了人们的关注而感到快乐，他害怕别人不喜欢自己。所以当他无法吸引人们的目光时，他就会因为害怕而发火。

拥有表演型性格的人具有以下几种优势：

1.社交能力强，有很强的个人魅力，待人接物显得非常热情。

2.注重自己的外表，讲究穿衣打扮，总是显得很时尚。

3.在人群中，喜欢成为焦点人物。为了得到大家的喜欢，他们会表现得很出色，因为这样才能吸引所有人的目光。

4.善于表达感情，从不吝啬自己的关心。在与人相处的过程中，他们会营造和谐、温馨的氛围，经常向对方表达自己的关爱之情，在处理人际关系上得心应手。

由于上述种种性格优势，拥有表演型性格的人在与人初次相处的过程中会很吸引人，例如慧慧见小强的第一面就立刻被小强吸引，轻易地被小强俘获。但随着交往的深入，许多人都受不了有表演型性格的人，因为他们会为了得到关注而做出一些极端的行为，还要求对方必须时时刻刻回应他，不能表现出一丝一毫的不在意。而且有表演型性格的人通常情绪十分善变，往往上一秒还在讨好对方，下一秒就会因为不满意对方的态度而发火。他们的感情过于外露，甚至不考虑对方的感受。

　　拥有这种类型性格的人往往会因为性格中的表演特质而获得事业上的成功。通常情况下，演员、律师、政客或公关人员都具有表演型性格，他们的工作就是引起公众的注意。而拥有表演型性格的人也会被这些职业所吸引，因为这些职业给他们提供了"表演的舞台"。例如小强的职业就是律师，他选择这个职业就是因为可以在法庭上"表演"，从而得到人们的注意。不过小强的表演型性格虽然帮助他在事业上取得了成功，却无法帮助他获得一段和谐的亲密的关系。慧慧在与小强相处的过程中，经常无法忍受小强过于外露的情绪，因为她一直是那个顾及对方感受的人，而小强只在意自己是否被人关注，却并不会去关注另一半的需求。

羞于表达而内心专注

电影《天使爱美丽》中的女主角艾米莉是一个性格内向的姑娘。她有一个悲惨的童年。她的童年就如同一场独角戏，没有父母的关爱，也没有同伴，只能自己一个人玩游戏。

艾米莉的父亲雷福是一个性格冷漠且有很多生活怪癖的退役军官，他喜欢将旧墙纸撕下来，喜欢整理工具箱，不喜欢路人议论自己的装扮，不喜欢让湿漉漉的泳衣沾在身上，不喜欢如厕时身边站着人。除了这些生活上的怪癖外，雷福还是个很不喜欢与人接触的人，即使这个人是他的女儿，他也总是表现得非常冷漠。在艾米莉的印象中，父亲很少与自己拥抱，他只会在为自己检查身体时才会与自己有一些接触。艾米莉十分渴望父亲的拥抱，当父亲给她检查身体时，她会因为这种少有的亲近而心跳加快。为此父亲认为艾米莉的心脏有毛病，不适合去学校上学，于是教育艾米莉的任务就落到了母亲的身上。

艾米莉的母亲艾蔓婷是一个小学校长，她与丈夫一样有很多生活怪癖，例如她不喜欢洗澡后手指起皱，不喜欢别人触碰她的手指，喜欢整理手提包，喜欢擦地，喜欢舞蹈演员的衣服，等等。但艾蔓婷有一些神经衰弱，在教育艾米莉的时候，她经常会因为艾米莉的小错误而严厉斥责她。

没有人陪艾米莉玩游戏，她就只能自己一个人玩。艾米莉会将脸贴在玻璃上做鬼脸；在自己的拳头上画脸谱；将胶水涂在手指上，然后慢慢揭下来；用麻将摆成多米诺骨牌，然后推倒它们；将零食一个一个套在手指上，再一口气全部吃掉；等等。虽然艾米莉只能一个人玩游戏，但她也玩得不亦乐乎。

艾米莉养了一条金鱼，这是她童年时代唯一的小伙伴。但艾米莉发现小金鱼经常跳出鱼缸，在地板上蹦跶，原来小金鱼是受不了家里压抑、沉闷的气氛，于是想通过跳出鱼缸的方式自杀。每当艾米莉发现小金鱼在地板上蹦跶时，她都会尖叫着去找父亲，让他解救小金鱼。几次后，母亲艾蔓婷无法忍受，就将小金鱼放生了，艾米莉失去了她唯一的伙伴。

在艾米莉 6 岁时，她的母亲艾蔓婷去教堂祈求上帝再赐给她一个孩子，结果不幸被坠楼的旅客砸死。艾米莉失去了母亲，从此之后她与父亲相依为命，但父亲沉浸在丧妻的痛苦中无法自拔，根本无暇照顾艾米莉。家中的气氛变得更加沉闷、压抑，艾米莉期望着自己快快长大，离开郁郁寡欢的父亲。

长大后，艾米莉在双风车餐厅做侍应生。一天，艾米莉像往常一样在看新闻，当她听到戴安娜王妃因车祸去世的消息后，手中的化妆品掉在了地上，碰巧砸开了一块板砖，艾米莉无意中发现了一个锈迹斑斑的铁盒子，里面有许多环法大赛冠军的照片，还有赛车模型。看着这些藏品，艾米莉突然萌生出了一个念头——去找铁盒的主人，将铁盒交还给他。如果铁盒的主人表现得很高兴，艾米莉就将继续帮助别人；如果铁盒的主人什么反应也没有，艾米莉就罢手，继续进行自己的生活。

通过各种努力，艾米莉终于找到了铁盒的主人白度图，她偷偷将铁盒还给了白度图，自己则在一旁观察白度图的反应。当白度图发现铁盒的时候，他十分激动，一下子回忆起了自己的童年时光，仿佛看明白了许多事情，于是放下执念，与女儿和好。将这一切看在眼里的艾米莉十分感动，她决定继续帮助不认识的人，将爱意和善意传达给更多的人，并将这件事视为自己的人生使命。

当艾米莉发现盲人准备过马路时，她立刻挽着他，一边走一边向他绘声绘色地描绘街上发生的一切。盲人十分高兴，似乎看到了这个多彩世界的一角。艾米莉还撮合了一对单身男女，使他们体验到了久违的恋爱的感觉。当艾米莉发现邻居是一个患有软骨症的老人时，她开始坚持为老人录刻节目，使老人在家也能了解到外面世界的精彩。当艾米莉发现一名寡妇总是郁郁寡欢时，她复制女人已故丈夫写给女人的信，来安慰女人。每当艾米莉去帮助他人的时候，她都能感受到臭大的幸福。

有一天，艾米莉开始幻想自己老了以后的时光，她觉得到时候如果能有一个天使般的人帮助自己就好了。这时，艾米莉突然想起了自己孤僻的父亲，她觉得父亲其实很可怜，是一个处境凄凉的老人，自己应该努力为父亲带来一些快乐。艾米莉知道，如果自己强拉着父亲出门，多多接触外界的生活，那个孤僻的老头一定会拒绝。她回到家观察了一段时间后，决定将父亲放在母亲墓前的小木偶拿走。然后艾米莉拜托一个经常旅行的朋友，让他带着小木偶去旅游，然后拍照留念，并将照片寄给父亲。父亲在刚收到照片的时候十分吃惊，然后开始思索，最后终于醒悟，走出郁郁寡欢的生活，拿起行李，踏上了旅程。

帮父亲走出抑郁后，艾米莉依旧在帮助身边的人。她这样一个内向的姑娘，虽然情感十分丰富，但从不外露；虽然没有什么亲密的朋友，却因为帮助他人获得了无尽的快乐。她觉得这就是自己追求幸福、快乐的方式。

一次，艾米莉捡到了一个贴满了重新黏合的照片的相册，她发现这个相册属于一个名叫连诺的年轻男子。连诺是一个喜欢在自动照相亭搜罗破碎照片的人，他会将这些破碎照片重新粘合起来。当艾米莉得知连诺在鬼屋工作后，她使用了一个小计策，神不知鬼不觉地将相册还给了连诺。艾米莉注意到，相册里经常出现一个人，她很好奇这个人为什么经常去照相亭照相，然后将照片撕掉。在艾米莉的偷偷调查下，她发现这个人就是照相亭的检修人员，他每当接到报修电话后，都会去修理一下相机，为了验证自己是否将相机修好了，他就会自己拍照试一下。艾米莉觉得自己应该偷偷引导连诺也发现这个秘密。在这个过程中，连诺根本不知道艾米莉的存在，但艾米莉却爱上了他。

这时，艾米莉遇到了一个巨大的困难，她不知道该如何接近连诺，更没有勇气向连诺表达自己的爱意。当接受过艾米莉帮助的软骨症老人发现了她的苦恼时，老人鼓励她主动向连诺表达自己的感情，但受到鼓励的艾米莉依旧没有这个勇气。这时她曾帮助过的同事帮助了她，同事在和连诺聊天中将艾米莉介绍给了连诺，艾米莉终于迎来了自己的爱情。

我们所处的当今社会，更为崇尚开朗、外向的性格，一个人若想要赢得他人的认可并引起对方的注意，拥有外向的性格会更占优势，让自己能努力在各种社交场合中展现自己的魅力。但总有一些人的性格内向、害羞，每当被人注视着或者在人多的场合中时，就会觉得不自在。在社会文化的影响下，多数人可能觉得外向性格的人比较好相处，因为他们比内向性格的人更善于表达、沟通。人们更容易误会内向性格的人，觉得他们太过傲气、无趣，事实上他们只是性格腼腆，不擅长与人交流，不喜欢参加某些社交活动而已。不擅长社交并不意味着内向性格是一种劣势性格，相反，内向性格有着独特的优势。

一些人会对内向性格有一些负面的印象，比如奥地利心理学家弗洛伊德，就曾发表过好几篇文章，专门批判内向性格的人，他所列举的案例就是荣格和阿德勒。这两人曾经很崇拜弗洛伊德，是弗洛伊德的门徒，尤其是荣格，他与弗洛伊德的关系如同父子般亲密，弗洛伊德一度想将衣钵传于荣格。只是后来两人因为观点不同与弗洛伊德分道扬镳，分别创立了自己的学说，为此弗洛伊德十分气愤，他开始写文章攻击荣格和阿德勒这两个性格内向的人。慢慢地，很多人开始因为弗洛伊德的影响觉得内向性格不好。事实上，内向和外向只是两种不同的性格，并无好坏之分，各自有自己的优势。

从生理基础上来看，大脑回路影响着一个人的性格到底是内向还是外向。研究显示，人类大脑前叶的主要作用是深思熟虑和做出决策；大脑后叶的主要作用则是感知外界和采取下意识的行动。性格内向的人的大脑前叶更为活跃，喜欢独处和思考；性格外向的人的大脑后叶更为活跃，喜欢社交和表达。

在人际交往的过程中，人们会互相进行精神能量的传输。对于性格内向的人来说，他们更擅长从自身挖掘能量，会更重视自己的感受和各种负面情绪，比性格外向的人更能独处，并从独处中获得宁静，因此感到满意，从而获得幸福感。相反，性格外向的人更擅长从别人身上挖掘能量，从而有可能忽视自己的感受和各种负面情绪，即使自己已经处于焦虑紧张的情绪中还不自知，时间长了他们还会觉得自己总是莫名的抑郁和不痛快。

内向的性格通常有以下几种独特的优势：

1. 更容易长时间专注于一件事情。

与性格外向的人不同，性格内向的人更关注自己的内心世界，注重内心体验，因此他们擅长将时间和精力长期集中于某件事情上。例如艾米莉会一直坚持默默帮助别人，也源于她内向的性格，使她更注重于从帮助他人的过程中获得幸福感和满足感，也使她一直坚持了下来。性格内向的人所拥有的这项特质，可以使他们从专注于某件事中获得无穷的乐趣，除了表现在日常生活当中，还可以运用到工作中，例如技术开发、研究分析性的工作通常需要这样的特质。Facebook 的创始人马克·扎克伯格就是一个性格内向的人，他经常因为社交而苦恼，所以他研发了这样一个社交网络平台。对于许多有社交焦虑的人来说，这是一个非常有用的交流工具。正是他身上的这种内向型专注特质，帮助他研发出了改变人们社交方式的技术。

2. 善于倾听，听多说少。

性格内向的人在社交过程中通常比较被动，他们很少主动表达自己的需求，往往是很好的倾听者。善于倾听的这个特质使得内向的人更容易了解对方，在意对方的感受和情绪。艾米莉最令人惊叹之处并不在于她乐于助人，而是她帮助人的方式总是悄无声息，不会打扰对方。这要归功于艾米莉的细腻性格，她内向的性格使得她在与人交往时会留意许多细节，从而更容易了解对方。例如艾米莉在发现买烟女和嫉妒男互有好感后就分别与他们聊天，聊天过程中暗示他们对方对他／她有好感，于是两人开始鼓起勇气接触对方。艾米莉在促使父亲走出抑郁时，也没有直接强迫父亲，而是通过一个木偶，让父亲主动产生了旅行的冲动。在所有接受艾米莉帮助的人看来，这些完全是顺其自然的，有的人甚至认为这是上天的眷顾。

3. 谨慎保守，三思而行。

性格内向的人喜欢一个人待着，他们很容易沉浸到自我的内心世界中，这决定了他们的行为风格——谨慎保守。股神巴菲特在提到自己如何在金融投资领域中屡创财富奇迹时，就提到了谨慎保守这一性格特质，他认为这是自己成功的秘密所在。

4. 更容易在一个领域或多个领域中取得成就。

性格内向的人更容易将心思放在钻研知识上，因此很容易在某个领域内取得成就，例如牛顿、居里夫人等我们所熟知的科学家都是内向性格的人。

5. 与他人沟通和互动时效率更高。

性格内向的人更关注沟通的效果，因此他们在与人沟通的时候很少会说废话，尤其讨厌泛泛而谈，这使得他们的沟通更高效。艾米莉每次与人交流时，都能轻易地发现对方的心理需求，知道对方想要什么样的帮助。

许多性格内向的人都会苦于社交活动。在社交活动中，性格外向的人往往如鱼得水，他们看起来那么富有活力，十分擅长与他人交流和沟通。而性格内向的人常常会表现得很局促，感到害羞，经常安静地站在角落里，或者作为人群中一个可有可无的存在被忽视。事实上，性格内向的人根本不必为此苦恼，因为他们也有属于自己的"社交武器"——善于倾听。善于倾听的人往往会给人一种值得信赖的感觉。

总之，性格内向的人有属于自己独特的优势，在社交活动中不必刻意表现得健谈，努力模仿性格外向的人，毕竟沟通既有表达的需求，也有倾听的需求。性格内向的人虽然不善于言谈，却可以发挥自己性格中的优势，多倾听别人的谈话，只要用心倾听，并通过点头示意等方式来回应对方，这样也能在社交过程中给对方留下得体、礼貌的印象。

当然，大多数性格内向的人都不喜欢社交，在面对他人的社交邀请时，比如参加一个聚会，性格内向的人往往会陷入不知道如何拒绝别人的困境中。很多性格内向的人为了显示自己是个合群的人，会硬着头皮接受各种社交邀请，去参加各种聚会。其实完全不必如此勉强自己，更没必要去看心理医生，性格内向的人所要做的就是认清自己的性格，顺应自己的性格，如果你喜欢安静，喜欢一个人待着，不喜欢参加聚会，那么不妨直接告诉对方自己真实的想法。毕竟拒绝是生活中再正常不过的事情，不必太过在意别人的目光，你更需好好地享受自己想要的安静生活。

以寻找快乐作为生活的主题

　　金庸在《射雕英雄传》和《神雕侠侣》这两部长篇小说中塑造了一个既风趣幽默又活泼可爱的人物形象，他就是周伯通，人称"老顽童"，是全真教"中神通"王重阳的师弟。

　　一次，王重阳与南帝段智兴切磋武功，带着周伯通去了大理王宫。来到大理王宫后，闲来无事的周伯通到处游荡，发现一名女子正在苦练武功，于是他主动上前传授给女子点穴功夫，这名女子是段智兴的刘贵妃，也就是后来的瑛姑。

　　寂寞的瑛姑被爱玩爱闹的周伯通吸引，两人相处了一段时间后，日久生情并产生了肌肤之亲，瑛姑还怀上了周伯通的孩子。当他们的恋情暴露后，段智兴深受打击，于是出家当了和尚，法号"一灯大师"。本来，周伯通可以带着瑛姑离开，可他心中有愧，坚决不肯，在将定情信物锦帕还给瑛姑后就离开了大理。

　　瑛姑将孩子生下后不久，她的孩子被假扮侍卫的裘千仞打伤，伤势十分严重，恰巧只有一灯大师可以救他。瑛姑带着孩子苦苦哀求，但一灯大师注意到了孩子裹身的肚兜，上面绣着鸳鸯戏水，这正是由瑛姑之前送给周伯通的锦帕制成的。心生嫉恨的一灯大师拒绝为孩子疗伤。瑛姑看着孩子在痛苦挣扎中死去，悲痛之下一夜白头，瑛姑因此恨极了一灯大师。她的余生只剩下两个愿望——复仇和救周伯通出桃花岛，此时的周伯通被黄药师用五行之术困在了桃花岛。

原来，王重阳在第一次华山论剑中赢得了武功秘籍《九阴真经》。临终前，王重阳将《九阴真经》上下两册交给周伯通保管，并交代周伯通将上下两册经书分别藏在不同的地方。周伯通在藏匿下册经书时遇到了黄药师夫妇，两人诱骗周伯通，得知了下册经文的内容，周伯通中计不自知，毁掉了经书。当周伯通得知自己受骗后，他立刻去桃花岛向黄药师讨要下册经书，而因担心上册经书被盗，周伯通只能将其随身携带。来到桃花岛后，周伯通因武功不及黄药师，不仅没讨来下册经书，反而被困在岛上，这一困就是 15 年。

桃花岛布置巧妙，瑛姑不通五行之术，被困在桃花岛上不得脱身，差点饿死，后来还是黄药师派人将她送出了桃花岛。从此以后，瑛姑为了救出周伯通开始潜心研究五行奇门、九宫八卦之术，周伯通则在桃花岛上习武打发时间。

第二次华山论剑时，周伯通已经走出了桃花岛。瑛姑于是赶到华山，她想见周伯通，也想找裘千仞报仇。她突然出现在两人面前，让他们大吃一惊。裘千仞在被洪七公训斥后深感愧疚，决定跟随一灯大师出家修行。瑛姑想要杀死裘千仞报仇，这时周伯通却出面制止，瑛姑愤怒不已，将矛头对准周伯通，周伯通被吓得立刻逃离了华山。

随后十余年，周伯通一直在蒙古游荡，并传授耶律齐武艺。后来周伯通中计，被赵志敬和金轮法王诱骗进入蜘蛛洞，在这里他遇到了同样被骗进洞里的小龙女。在洞中，周伯通将双手互搏之术教给了小龙女，小龙女学会后利用玉蜂走出了蜘蛛洞，并击败了金轮法王，解决了她与周伯通面临的危机。周伯通看到小龙女居然能指挥蜜蜂，觉得很有趣，便偷走了小龙女随身携带的玉蜂蜜，想要学习如何指挥蜜蜂。

后来，杨过和郭襄找到了隐居在山西南部黑龙潭中的瑛姑，他们想向瑛姑讨要九尾灵狐，用它的血解救被霍都打伤的史家三兄弟。九尾灵狐是瑛姑的爱宠，她自然不肯割让。这时一灯大师带着气息奄奄的裘千仞找到了瑛姑，他希望瑛姑能原谅裘千仞，好了却一个将死之人的心愿。瑛姑不愿意，她提出了面见周伯通的要求，只要他们答应她的要求，她就可以用九尾灵狐的血去救人，也可以原谅裘千仞。

周伯通此时正在百花谷中养蜜蜂，杨过找到周伯通后将瑛姑的要求告诉了他，但周伯通无论如何都不肯去见瑛姑。杨过只能用自己独创的武功诱使周伯通答应，最终周伯通与瑛姑见面，他和瑛姑决定原谅裘千仞，裘千仞在如释重负后死去。周伯通、瑛姑和一灯大师三人在放下往日的仇恨后决定相伴而居，在百花谷过起了隐居的生活。

周伯通就是一个典型的活跃型性格的人，他活泼、外向、热情、开朗、善于表达，对很多事情都感兴趣。对他来说，保持高度的兴奋感十分重要。作为一名武林高手，周伯通练武的理由很奇特，仅仅是因为好玩，就和他养蜜蜂一样，因为觉得有趣便去做了。这些都是活跃型性格中积极的一面，这一面就如同冬日的一抹阳光，能吸引别人，让人在和活跃型性格者相处的过程中感到舒服。

当然，活跃型性格者也有不好的一面，他们由于太过渴望快乐、自由，往往会出现逃避痛苦的行为，会避免与他人直接发生冲突，这种逃避的态度其实就是不负责的表现。当周伯通与瑛姑的私情暴露后，他的第一反应不是承担责任，对瑛姑负责到底，而是向段智兴道歉，将锦帕还给瑛姑后就离开了，因为他不想处理如此尴尬且令他痛苦的局面，也不想与段智兴发生冲突。

周伯通和所有活跃型性格的人一样，不喜欢被约束，他们终其一生都在追求自由、放松，就像一只快乐的花蝴蝶，一会儿去选择做一件自己感兴趣的事情，一会儿又会做另一件让他觉得很新奇的事情，他总是在不断尝试不同的事物，寻求各种各样的刺激。他在给自己、他人带来快乐的同时，也在按照自己的喜好随心所欲地做一些事情。对他来说生活不应该被道德、责任所束缚，生活的主题应该是追求快乐。周伯通一生都在玩，不然也不会有"老顽童"这个称号，他独创的招式双手互搏术，在他人看来是一门十分高深的武功，却只是周伯通在被困桃花岛时，无聊至极之中想出的自娱自乐的游戏。

在生活中，像周伯通这样的活跃型性格者十分常见，例如有的人会选择背起行囊去旅行，到世界各地去看看，体验各种新鲜事物。活跃型性格者在人群中往往是那个笑口常开、积极向上的存在，对他们来说仿佛没有什么能减少他们对生活的兴趣和乐趣，他们渴望一个无拘无束且充满新鲜、刺激的世界。正因如此，活跃型性格者常常会产生不同于一般人的想法和行动。对于活跃型性格者来说，固定不变的生活是一种折磨，世界如此精彩、有趣，为什么要只选择一种生活方式呢？

这样一个外向且极富创造力的人有很强的吸引力，他通常是人们的开心果，很少会表现出消极懈怠的一面，对他来说没有什么能阻挡他去追求激情和快乐。在人际交往中，活跃型性格者总是心直口快、爱聊天。瑛姑为什么会爱上周伯通并义无反顾地想和周伯通在一起呢？正是因为她身上缺少周伯通的这种活跃，她觉得和周伯通在一起很快乐。当年老的瑛姑最终和周伯通在一起后，她立刻放下了杀子之仇，对她来说，周伯通就是她快乐的源泉。

瑛姑在没有遇到周伯通之前，在王宫的日子过得既寂寞又苦闷，她的丈夫终日醉心于练武，她基本上没有得到过他的宠爱。对于这样一个极度缺乏男人关爱的女人来说，遇到周伯通这个健谈的活跃型性格者，她自然很容易被哄得心花怒放。于是瑛姑选择抛弃自己刘贵妃的尊位，与周伯通在一起。

总之，活跃型性格具有以下几个优势：

1. 精力旺盛。

活跃型性格者经常表现得很活跃，会在一段时间内对许多事物感兴趣。

2. 幽默风趣。

活跃型性格者十分外向，爱与人聊天、开玩笑，能给周围的人带来欢声笑语，与他们相处会让人感到十分放松、有趣。

3. 喜欢探索、挑战现状。

活跃型性格者总在追求新奇、刺激的事物，这使得他们具有探险精神，不会安于现状，从不会因为自己无法接受新奇事物而苦恼。

4. 敢于打破常规，富有创造力。

对于活跃型性格者来说，传统思维就是一种束缚，所以他们不会被规矩绊住手脚。

5. 喜欢提出自己的见解，具有发散性思维。

活跃型性格者不会轻易接受已经成型的见解或观点，总喜欢提出自己的新见解。活跃的思维总是能让他们发现和注意到被多数人忽视的东西。

活跃型性格者拥有很好的生活心态，这种良好的生活心态来源于他们性格中的热情特质，这种特质决定着他们对生活充满了激情，同时也决定了他们冲动的一面。活跃型性格者遇到事情时很容易冲动，通常是头脑一热就开始干，根本不会仔细考虑自己是否能够完成以及事情本身的难易程度。因此活跃型性格者往往缺乏坚持下去的耐心，他们会因为遭遇困难而丧失对一件事情的激情，很容易一遇到困难就逃避，只想着以最省力、最简单的方式草草了结，然后再去寻找新的兴趣点。

活跃型性格者的性格中最危险的一面就是玩心太重，他们不愿意接受规矩、习俗的限制，也不愿意接受任何人的控制，只想按照自己的心意去生活。他们的行为完全受到自己兴趣的控制，而他们的兴趣又不止一个，他们会对任何新奇、刺激的事物都感兴趣，自己喜欢做什么就做什么，哪怕这种行为在别人眼中是胡闹也不在意。

摆脱焦虑性依赖

小赵在很小的时候，他的父母就离婚了，从那时起小赵就与父亲生活在一起。老赵每天忙于工作，根本没有时间照顾儿子，小赵经常一个人在家，有时候忘记带钥匙了，就只能蹲在门口等父亲回来；有时候父亲甚至无法及时发现他生病了，有好几次小赵都是独自一人忍受病痛的折磨。

工作后，小赵认识了一个女孩萱萱。与小赵不同，萱萱来自一个父慈母爱的家庭，她从小生活优渥，在父母的关爱下长大，身上透露着单纯和安逸。小赵一下子被萱萱吸引了，可他并没有鼓起勇气去追求萱萱，只是在工作上默默地为萱萱提供帮助。

一次，小赵和萱萱同时被公司派到外地出差。出差过程中，萱萱发现小赵是一个成熟稳重、细心体贴的男人，于是对他心生好感。三个月后，两人成了男女朋友。

在恋爱初期，萱萱十分享受小赵对自己无微不至的照顾，但渐渐地，萱萱觉得小赵的爱令她感到窒息。每天晚上，小赵都会给萱萱打电话，一打就必须得聊一个小时以上。他们白天在公司里低头不见抬头见，萱萱觉得他们根本没必要每天晚上通过电话事无巨细地向对方汇报自己今天做了什么事。在公司，小赵也时刻关注着萱萱，只要萱萱和某个男同事说了一句话，小赵就会焦虑不已。萱萱很讨厌小赵这种时时刻刻干扰自己的行为，好像她是小赵的私有财产。

有一次，萱萱去参加同学聚会。期间，萱萱多次接到小赵的电话，小赵还非得来接萱萱，萱萱只能将聚会的地址告诉了小赵。当小赵赶到时，萱萱正在和一个男同学聊天，小赵看到后脸色立刻变得很难看。在送萱萱回家的途中，小赵不断盘问萱萱和那名男同学的关系，萱萱解释说只是同学而已。但小赵依旧咬着这件事不放，他不停强调自己多爱萱萱，萱萱对自己有多重要。这些话萱萱已经听了无数次，她烦不胜烦，冲动之下就向小赵提出了分手。

一听萱萱说要分手，小赵立刻崩溃了，他哭着求萱萱不要离开他。萱萱本来只是冲动地提出了分手，但当她看到小赵的反应后便坚定了分手的想法。对于萱萱来说，小赵的爱太过沉重，压得她喘不过气来。之后小赵做出了许多努力想要挽回他与萱萱的感情，可是他做得越多，越让萱萱觉得应该远离他。

小赵就属于典型的焦虑型性格者。他的性格特点很明显，内心十分敏感，很容易对一个人产生过分的依赖。他害怕被抛弃，经常处于焦虑之中，他的这种状态会给对方带来巨大的心理压力，让对方只想着赶紧逃离，远离这份沉重的爱。

大多数焦虑型性格的形成，都与童年时期长期被忽视或被抛弃的恐惧感密切相关。如果父母无法时刻关注孩子的情感需求，与孩子之间的关系不够亲密，那么这个孩子就会陷入被忽略、被抛弃的恐惧中，这种恐惧被称为原生情绪。

许多人为了抵制原生情绪的困扰，就会产生次生情绪来进行自我保护。例如焦虑型性格者，他因为害怕被抛弃，从而被恐惧、焦虑的原生情绪所困扰，为了摆脱这种困扰，他开始将他人视为中心，不惜一切代价关注、取悦对方，将自己的焦虑情绪转移到对方身上，刻意忽视自己的焦虑情绪。童年的经历让小赵缺乏安全感，他害怕被人抛弃，所以会将女友萱萱看作自己生活的中心，尽一切可能照顾、取悦萱萱。他想通过这种方式控制萱萱，借此缓解自己害怕被抛弃的焦虑，弥补自己缺失的安全感，满足自己的心理需求，可他的这种行为只会让萱萱觉得被束缚。

萱萱最初被小赵吸引，是因为她觉得小赵是一个成熟稳重、细心体贴的男人。但这只是小赵在自卑心理下的刻意反应。他早就喜欢上了萱萱，却没有勇气去追求萱萱，他总觉得只有自己付出很多且很优秀，才能配得上伴侣。这是许多焦虑型性格的人都存在的心理。在恋爱之初，萱萱很享受小赵对自己无微不至的照顾，以至于忽视了小赵的需求，其实小赵才是那个非常需要萱萱亲密关怀的人，他缺乏安全感，害怕被人拒绝、被人抛弃，所以才会通过照顾萱萱的方式来留住她。

小王与圆圆是一对情侣，小王是一个很容易焦虑且没有安全感的人，自从他与圆圆在一起后，他对圆圆的依赖就越来越强烈，对圆圆的坏脾气总是很包容，圆圆自知自己脾气不好，很享受小王对自己的包容。但交往了一段时间后，圆圆发现小王是一个非常容易焦虑、害怕犯错的人，小王身上的这一特点令圆圆特别反感，她觉得和这样一个男人相处很累。

小王几乎不会去做决定，和圆圆在一起时，不论大事小事，全部由圆圆来做决定，他也很听从圆圆的指挥，圆圆让他往东，他绝不会朝西。小王在与圆圆相处时总是显得小心翼翼，害怕犯错，更害怕圆圆发脾气，一旦看到圆圆脸上露出不高兴的表情，小王就会立刻道歉，凡是圆圆提出的要求，小王也都会尽量满足。圆圆对小王越来越失望，她不喜欢小王这种过度依赖自己的男人，她不止一次地要求小王有点儿主见，小王尽管嘴上答应着，却从不会改正。他害怕失去圆圆，可就是无法摆脱对圆圆的依赖，他的焦虑使得他更加依赖圆圆。在一次逛街的时候，小王再次表现出了他毫无主见的一面，这惹恼了圆圆，圆圆当即提出了分手。

小王也属于典型的焦虑型性格，他十分看重圆圆，可他越是重视这段感情，就越是对这段感情充满了焦虑与不安。在与圆圆相处的过程中，他会不由自主地放大自己的焦虑和不安，这给圆圆带来了许多烦恼。于是圆圆在与小王相处了一年后，终于忍无可忍，选择了分手。

大多数焦虑型性格者在亲密关系中都会被"情感饥渴"所困扰，他们希望对方能满足自己的情感需求，对对方充满了占有欲，会极度依赖对方，同时他们又害怕失去对方，经常陷入随时会被对方抛弃的焦虑与不安中。此外，焦虑型性格者还会对伴侣的情绪反应过于敏感，圆圆或许只是简单地表达了自己的不满，小王却如临大敌，好像圆圆要抛弃他了，这给圆圆造成了很大的压力。

焦虑型性格者想要获得一段正常的情感，就必须正确认识自己行为的本质，直面自己的原生情绪，并与对方进行贴近彼此心灵的沟通。小王之所以毫无主见，一切以圆圆为中心，是因为他害怕圆圆离开他，害怕被圆圆抛弃才是他的原生情绪。他应该在和圆圆沟通时将自己的这种恐惧告诉圆圆，两人一起解决这个问题。

焦虑型性格者应该意识到自己的性格问题会给伴侣带来很大的压力，没有人会无限制地忍受你单方面的负面情绪，你应该勇敢改变自己。

焦虑型性格者应该学会自我调整，摆脱焦虑性依赖。焦虑型性格的形成与一个人的原生家庭密切相关，这个问题会困扰一个人很长时间，却不会困住他一生，他应该正视害怕被抛弃这个问题，从而做出改变。

幻想与妄想的一线之差

电影《阳光灿烂的日子》中的故事发生在 20 世纪 70 年代初的北京，当时大人们忙着"闹革命"，学校停课，孩子们没有人管教。某军队大院里有一帮正处于青春期的十五六岁的男孩子，他们整天沉溺于打架、闹事，其中有个男孩名叫马小军。

马小军的父亲是一名军人，被派到贵州当军代表，常年不在家。没有父亲管教的马小军每天都和院里的一帮孩子混日子，他们一起打架、逃课、抽烟。

马小军有一个嗜好，他喜欢趁着别人白天家中无人时，撬开别人家的锁，偷偷溜进别人家，偷窥对方的秘密，还会在里面玩一会儿，但从不会拿走人家的东西，因此主人也没有注意到家里有外人进入过。马小军经常向伙伴们炫耀自己的开锁技术，说没有他打不开的锁，而且从没有被人发现过。

一天，马小军撬开了一户人家的锁，他在玩望远镜的时候无意间看到了一张女孩子游泳的照片。照片中的女孩子笑得很灿烂，马小军一下子就被她吸引住了。

不久，马小军就被小伙伴们叫去打群架，当时他的一个小伙伴因维护一个智力有点缺陷的小孩被人打伤，其他小伙伴们得知后就决定为他报仇。当双方的人员集结在一起后，有许多人都互相认识，最终在中间人的调解下，这场群架奇迹般地和解了，一群小伙子拥进了莫斯科餐厅庆祝起来。

马小军一直渴望能见到照片上的女孩，他没事的时候总去那栋房子周围的铁皮房顶上转悠，希望能见她一面。一天，马小军再次潜入女孩家中，女孩突然回家了，马小军情急之下钻到了床下，幸好女孩只是换了一件衣服后就离开了。

后来，马小军得知女孩名叫米兰，和院里的"孩子王"刘忆苦相熟，当马小军发现米兰和刘忆苦聊得非常愉快时，就有些嫉妒。

姥爷去世时，马小军跟着父母离开北京，去了唐山。一段时间后，马小军回来了，这时他发现米兰和刘忆苦的关系更好了，米兰喜欢刘忆苦，却只将马小军当成一个小孩看。

马小军的生日与刘忆苦是同一天，小伙伴们决定为他们庆祝，他们还收到了米兰送的礼物。马小军收到米兰的礼物自然很高兴，却因为刘忆苦也收到了米兰的礼物而心里不是滋味。在玩硬币游戏时，马小军执意要米兰离开，但刘忆苦不同意，两人就打了一架——但其实这只是马小军的幻想而已，他没有向刘忆苦挑衅的勇气。事实上，那天他和小伙伴们、米兰玩得很开心。

当天晚上下起了大雨，马小军冒着雨来到了米兰家附近，他冲着米兰家的窗户大喊道："米兰，我喜欢你！"当看到米兰从家里走出来的时候，他却又没有勇气承认自己喜欢米兰，米兰给了他一个拥抱。之后，米兰对待马小军的态度依旧很一般，她喜欢的人是刘忆苦。

看到米兰和刘忆苦在一起很亲密的样子，马小军生气极了，他一气之下来到了米兰家，想要对米兰做出越轨之事。米兰坚决反抗，马小军只能落荒而逃。从那以后，马小军与小伙伴们的关系就变得冷淡起来。

随着年龄的增长，马小军的父亲对儿子的管教越来越严格，他不允许马小军成天与别人混在一起胡闹，在一次生气时还狠狠地打了他一顿，他希望马小军能好好学习。后来，大家各奔前程，米兰去了文工团，刘忆苦去当兵，他们之间的关系变得越来越疏远。多年后，他们在一次相聚中，怀念起了那段青春似火、阳光灿烂的日子。

马小军就是一个幻想型性格的人，他有天马行空的想象力，是个爱做白日梦的人。他经常做两个白日梦，一个是英雄梦，一个是美人梦。

马小军渴望成为英雄，他在送父亲去贵州时就说："如果中苏开战，一位举世瞩目的战斗英雄将由此诞生，那就是我。"马小军在爬上院里最高处的大烟囱时高喊道："我要飞，飞向天空，飞向云霄，飞向克里姆林宫，飞向列宁格勒。"马小军一直在幻想着成为英雄，渴望小伙伴们能认可他的男子汉魅力。

马小军在掌握撬门开锁这一技能后所做的第一件事就是撬开父亲的抽屉，当他看到父亲的勋章时，他将所有勋章挂在了自己的衬衫上，然后在镜子面前模拟接受检阅的样子，还对着镜子走正步、敬军礼、行注目礼等。他做这一切的时候，一直想象着自己是一个被世人瞩目的战斗英雄，这是他的英雄梦。

马小军的美人梦与米兰有关，米兰是他的梦中情人。马小军与米兰之间的关系十分纯洁，他们只是在放学后一起坐着聊聊天而已，根本没有做过拉手、拥抱、亲吻这样亲密的动作。但马小军却总幻想着自己与米兰谈起了恋爱，在他的幻想中，米兰当着他的面睡着了，他还和米兰一起跳舞等；甚至在马小军的"记忆"中，他多次去找过米兰，米兰却当面否认："你找过我？"

在电影中，马小军会喜欢上米兰，是因为他意外看到了米兰的泳装照，他被米兰灿烂的笑容吸引。事实上，这只是马小军的幻想而已，后来他向米兰提到了泳装照，但米兰矢口否认，他们也没有在影集中找到这张照片。

在电影快要结束的时候，成年马小军出现了，他告诉观众，他与米兰其实是通过刘忆苦认识的，两人之间并没有什么交往，这一切都只是马小军的幻想而已。他将幻想当成了真实生活，他在想象中将米兰当成了自己的恋人。

幻想型性格者常常觉得自己很独特、与众不同，很容易情绪化，他们的情感世界比一般人丰富，充满了幻想。马小军为了显示出自己与众不同的个性，学会了开锁撬门，他自认为这是一项独门绝技，经常向小伙伴们吹嘘自己的开锁技能。这是他追求独特的方式，因为他恐惧自己和所有普通人一样。

在情感上，幻想型性格者一直在追求浪漫。当马小军认识了美丽的米兰后，他就将对方幻想成了自己的女友，在他的幻想中两人经常做一些浪漫的事情，例如约会、聊天、跳舞等。但在处理感情问题时，拥有幻想型性格的人通常很容易情绪化，马小军会因为米兰与刘忆苦的亲密而生气，甚至故意找碴将米兰赶走。虽然这一切都只是马小军的幻想，却可以从中看出马小军对米兰有非常强烈的占有欲。幻想型性格者通常表现得很自我，他们会表现出强烈的占有欲和嫉妒。

马小军自我的性格特点不仅表现在嫉妒刘忆苦上，还表现在他的撬锁和偷窥上。幻想型性格者的性格中有我行我素、崇尚自由、不喜欢被约束和压制的一面，马小军每次撬开锁和偷窥他人生活的时候，都能体会到一种欢喜之感。独白中，马小军将自己开锁的欢喜与苏联红军打了胜仗相提并论，他觉得这种欣喜之感只有第二次世界大战中攻克柏林的苏联红军才能体会到。

　　爱做白日梦的幻想型性格者的创造力也很强，因为他们的脑袋里经常浮现出幻想，而幻想与创新之间有着密不可分的联系。影片中并未提到马小军的创造力，但这部电影是以导演姜文为原型拍摄的，他作为一名优秀的导演，创造力自不必说。

　　此外，很多幻想型性格者会有宗教信仰，这有助于他们在生活和工作中建立良好的人际关系。有宗教信仰的人更易信任别人，这份信任也会使别人对他产生信任，相互信任会给良好的人际关系打下基础。畅销书《与神对话》系列的作者尼尔·唐纳德·沃尔什就是一个幻想型性格者，他声称自己能与上帝直接对话，他在陷入人生的低谷时，就是受到了上帝的指导才走出绝望。尼尔坚信自己能听到上帝的声音，这与他幻想型的性格密不可分。他和马小军一样，会将幻想视为现实，并相信幻想中的一切，因此他能有所坚持，努力战胜挫折，对生活充满了希望和乐观。

　　在面对困境时，幻想型性格者爱幻想的一面可以帮助他们走出困境。当幻想型性格者遇到挫折时，他们会从信仰中寻找力量，例如相信上帝会帮助自己，这种幻想就会给他们提供心理上的支持。这相当于对自己进行心理暗示，向自己的潜意识灌输战胜困境的信念。

　　一个幻想型性格者会在自己的脑袋里做着各种各样光怪陆离的白日梦，他会幻想着自己有一个完美情人，幻想着自己某天名利双收，他会沉浸在这种幻想中，是因为幻想令他感到愉悦，也就是说幻想取悦了他。对于幻想型性格者来说，幻想、做白日梦都是很正常的现象，他只需要安心过属于自己充满奇思妙想的人生就可以了，而且幻想还能使幻想型性格者的生活过得更精彩。但他不能完全沉溺于幻想，尤其是当他的幻想中存在错误的信念，甚至已经到了极端的地步，那么幻想就会发展成妄想，例如塞万提斯笔下的堂吉诃德。

堂吉诃德生活在乡村，是一个年近五十岁的小乡绅，生活得不错。后来堂吉诃德迷上了骑士小说，他开始阅读大量的骑士文学作品，不再管理家事，甚至将土地卖了去买骑士小说。他每天都沉浸在成为骑士的幻想中，最后完全失去了理性，从幻想发展成了妄想，脑子里都是魔法、战车、决斗、挑战、受伤、漫游、恋爱之类书中描写的场景。他觉得自己就是一名骑士，应该骑上战马去冒险、解救受苦的人，成就一番功业。于是，堂吉诃德找来了一匹马，还准备了矛和盾，并将一名乡间女子臆想成自己的夫人。然后他离开了村子去外界闯荡，闹出了一连串笑话。

有一次，堂吉诃德看到一个富农正在鞭打一个小牧童，他上前打抱不平。富农告诉堂吉诃德，小牧童在放羊时弄丢了一只羊，堂吉诃德不听，只命令富农放开小牧童，还命令他将所欠九个月的工资发给小牧童。富农当即答应了，堂吉诃德很满意地离开了。等他一离开，富农就变了一副嘴脸，他将小牧童绑起来狠狠地打了一顿。之后，堂吉诃德的妄想倾向越来越严重，他将风车看成是巨人，和风车搏斗了一番。

在闹笑话的同时，堂吉诃德受了不少伤，一次次的失败并未将他从妄想中唤醒，反而使他愈挫愈勇，他更加坚信自己是一名伟大的骑士。同村的加尔拉斯果学士发现堂吉诃德的怪异行为后，就假装成一名骑士向他发出挑战，堂吉诃德输了，只能按照加尔拉斯果学士的要求回家隐居一年。

这一年的隐居生活依旧没有唤醒堂吉诃德，之后他继续外出冒险，做出了许多荒唐的事情。在生命垂危之际，堂吉诃德终于从妄想中清醒过来，意识到曾经的自己是多么荒唐。

幻想与妄想之间只有一线之差，幻想型性格者没有认知障碍，他能分清楚梦境和现实的区别，例如在电影《阳光灿烂的日子》中，导演采用了叙事回忆的方式，总让观众产生混乱感，觉得男主角马小军的记忆有问题。其实这只是在表现马小军爱幻想的性格特点。在电影结尾处，成年的马小军将前面的叙述全部推翻，这一点可以说明马小军虽然爱做白日梦，喜欢将真实生活与幻想紧密结合在一起，但他并没有认知障碍，他能分清楚现实与幻想的区别。

与幻想型性格者不同，妄想者存在一定的认知障碍，妄想者也爱做白日梦，但由于他一直沉浸在白日梦中，导致他分不清梦境与现实的区别，这时候白日梦就不单单是幻想了，已经发展成了妄想。妄想会使妄想者丧失自知之明，例如堂吉诃德幻想自己是一个除暴安良的骑士，富农就应该听从他的命令，放过小牧童。

刘夫人是一个妄想者，她经常因为一点儿小事和丈夫发生争吵。一天晚上，老刘加班回家，刚坐到沙发上没多久，刘夫人就让他去给自己泡杯茶，当时她正在叠衣服，想喝口茶。老刘觉得很累，就让她自己去泡，刘夫人的情绪立刻不对劲了，她觉得老刘连这点儿小事都不肯为自己做，一定是对她没有感情了。她很快想到自己为这个家付出了那么多，每天辛苦工作，还做家务，到头来却没有落下一点好处。刘夫人越想越觉得委屈，于是开始一边哭一边数落老刘。

幻想型性格者也敏感，但远不如妄想者敏感。极度的敏感使得妄想者变得固执死板、敏感多疑、心胸狭窄、爱嫉妒，当看到别人获得成功时，他们会表现得紧张不安、妒火中烧，甚至指责对方、寻衅争吵。

在人际交往上，妄想者难以与他人建立亲密的关系，因为他们不想被他人了解，对他人没有信任感，总觉得他人对自己图谋不轨，于是长期处于防备状态，密切关注着身边发生的一切，对所发生的事情敏感极了，会质疑他人甚至是自己的亲近之人侵犯自己的利益，感觉自己被冒犯了。

妄想者会分不清现实和妄想，是因为自知力的缺失。自知力是一个人在社会化过程中渐渐掌握的一项技能。每个人曾经都以为自己是世界的中心、无所不能，甚至觉得自己能拯救、改变世界。这源于我们意识到了自己的弱小，越是觉得自己弱小的人，就越喜欢幻想自己拥有强大的力量，例如成为惩恶扬善的大英雄。但在长大的过程中，我们会形成自知力，对自己产生一个清晰的认识，分清楚现实和妄想。但妄想者没有这种自知力，他将自己融入妄想之中，觉得自己就是想象中的角色，例如堂吉诃德坚信自己就是一个骑士。

有些极度敏感的妄想者长期处于自我妄想之中，会妄想他人对自己图谋不轨、伤害自己，他在想象中将加害者的帽子扣到了对方的头上，他自己则扮演一个受害者。这种想象会因为自我暗示的力量慢慢催眠妄想者，使他越来越肯定自己的妄想，从而陷入无穷无尽的焦虑，甚至恐惧中。

妄想者从来不会意识到自己的妄想是虚无的、不存在的，是自己的认知出现了偏差。之所以会这样，很可能是妄想者在成长过程中缺乏爱，缺乏关注，这导致他缺乏安全感，总是被孤独感所笼罩，于是他的大脑思维会开启补偿模式，让他陷入自己所制造的美丽幻梦中，或者是被伤害的惊恐幻梦中，渐渐地，这种幻想就会成为他的思维模式，影响他的行为和人际交往模式。

在极端情况下，妄想者还会出现被害妄想症，认定自己遭受了其他人的迫害、欺骗、跟踪，甚至觉得有人要谋杀自己。被害妄想症患者通常会表现得极度谨慎、处处防备，哪怕是一件很小的事情，他都会无限放大，感到极度不安。但这一切都是他自己的妄想而已，他已经完全融入了自己妄想的世界中。

一个人的自卑感越强烈，他就越容易变成一个妄想者，因为自卑感会促使一个人的大脑开启补偿模式，越是自卑，所需的补偿就越多，他就越爱想象，越来越愿意沉浸在想象之中。这会导致他出现社交障碍，他会用拒人千里之外的方式来处理人际关系，常常沉浸在虚幻的感情中，例如对爱情的想象。

小雨是一个大龄姑娘，她的条件很一般，没有谈过正式的恋爱，身边的亲朋好友都十分担心她的婚事。但小雨从来不担心，她觉得自己有许多追求者，是一个被众星捧月的主角，但这都是小雨的想象而已。一个男人无意识的举止，她都会在大脑中将其自动加工成对方在向自己暗送秋波，例如帮她复印过几份文件、买过两次快餐的同事，甚至连顺路送她回家的同事，她都觉得对方在追求自己。小雨是一个很容易在大脑中展开爱情幻想的女孩，她沉浸在这些虚幻的感情里乐此不疲，甚至会幻想着与这些对象的未来生活。

妄想者想要摆脱妄想对自己生活的影响，就必须从认知上矫正自己的想法，认识到自己只是在妄想，这是自己的大脑制造出来的假象，它已经背离了客观事实，已经令自己模糊了现实与想象的区别。只要妄想者改变了自己妄想的思维模式，认识到自己不应该过度沉迷于幻想，就能摆脱妄想对自我产生的暗示。不过妄想者的性格通常比较顽固，他坚信自己的妄想就是事实，坚决抵制他人的劝解，甚至将自己的妄想逻辑化。因此妄想者如果无法意识到自己的认知存在偏差，就只能借助外界力量做出改变。

适度的自恋有利于心理健康

乔峰是金庸武侠小说《天龙八部》中的男主角，提起他，我们通常会想起"英雄"这个词。作为虚竹和段誉的大哥，乔峰有情有义；作为阿朱的伴侣，乔峰用情坚贞；在担任丐帮帮主的八年内，乔峰忠诚为国，率领部众协助北宋抗击外敌，在身世秘密暴露后，主动卸任。最后，乔峰为了拯救世人，阻止并胁迫辽国皇帝下令"终生不许辽军一兵一卒越过宋辽疆界"，之后乔峰用断箭自尽于雁门关外。这样一个悲天悯人的大侠，自然会在人们心目中留下"天下第一英雄"的形象。

韦小宝是金庸武侠小说《鹿鼎记》中的男主角，如果说乔峰是"天下第一英雄"，那韦小宝就是"天下第一小滑头"。韦小宝出生在扬州的一家妓院内，他的母亲韦春花是一个妓女，他从小就十分喜爱听书听戏，尤其喜欢英雄好汉的戏码。

一次偶然事件中，韦小宝搭救了江洋大盗茅十八。茅十八十分感谢韦小宝的搭救之恩，在韦小宝的纠缠之下，他将韦小宝带到了北京。来到北京后，韦小宝开始了自己的"开挂之旅"，他意外成了一个假太监，还结识了康熙皇帝，并与康熙皇帝成了好兄弟。之后，韦小宝在擒拿鳌拜的过程中立了大功，然后意外加入了天地会，成为天地会总舵主陈近南的徒弟和地位甚高的天地会青木堂香主。

一次，韦小宝意外得知邪恶帮会神龙教勾结皇太后的秘密，并得知顺治帝在五台山出家的秘密。回到北京后,韦小宝将顺治帝在五台山的消息告诉了康熙皇帝,并顺便提及自己是一个假太监。康熙帝得知父亲还活着,又惊又喜,就派韦小宝假装出家,去五台山探望顺治帝。

完成解救顺治帝的任务后,韦小宝被康熙皇帝封为"赐婚史",率人护送建宁公主出使云南。在昆明,建宁公主与韦小宝私通,不肯与吴应熊成婚,最后韦小宝只能使计将吴应熊挟持,这才和建宁公主平安返回京城。

不久之后,康熙皇帝又派韦小宝去攻打与吴三桂和罗刹国有勾结的神龙教。在神龙岛上,遇到生命危险的韦小宝一路往北逃到了鹿鼎山,误入了罗刹国军营。韦小宝哄骗罗刹国公主索菲亚不要声张,之后随同索菲亚回到莫斯科,当时罗刹国沙皇刚病死,索菲亚在韦小宝的帮助下成功当上了女王。韦小宝没有在莫斯科停留多长时间,就回到了北京。

后来,康熙皇帝发现了韦小宝天地会香主的身份,韦小宝只能带着自己的几个老婆到通吃岛避难。说是避难,他的日子实则过得很快活。在雅克萨之战开始后,康熙皇帝考虑到韦小宝曾去过莫斯科,而且与索菲亚女王相熟,于是就派他与罗刹军作战,在取得了胜利后,韦小宝和老婆们回到扬州,过起了隐姓埋名的隐居生活。

单从乔峰和韦小宝两人的生平事迹来看,韦小宝的英雄事迹要多于乔峰,但在读者心中,乔峰比韦小宝更当得起英雄之名。读者为什么会有这样的感受呢?这与乔峰自我陶醉型的性格有关。

乔峰一直以来都认为自己是一个英雄,他的言行举止会不自觉地展示自己的英雄气概。例如他为了救几个长老的性命,拿起匕首眼睛眨都不眨地直接往自己身上插,而且一插就是好几把。他认为自己应该这样做,这符合一个英雄的形象,对于乔峰来说,英雄就是他对自己的期许和肯定。

但韦小宝从不认为自己是一个英雄，他自称是小滑头，因为自己从小长于妓院，他觉得自己就是一个凭借小计谋在社会上混口饭吃的小人物。他被自己的这种想法束缚着，尽管他做了几件了不得的大事，甚至不顾性命去救人，但他从不认为自己是一个英雄。

自恋的话题来源于古希腊神话中一个凄美的故事。纳西索斯是一个俊美无比的少年，无数少女向他求爱他都无动于衷。有一天当他无意中在水中看到了自己的倒影时，他一发不可收拾地爱上了水中自己的倒影，每天茶不思饭不想地守在湖边，痴痴地看着自己的倒影。最终纳西索斯溺水而死，变成了一朵水仙花。

所谓自恋，就是自己喜欢自己，自我感觉良好，对自己非常满意。在现实生活中，自恋的现象十分常见，事实上，每个人都有一定程度的自恋心理，只是表现方式不同罢了。适度的自恋是心理健康的表现，意味着他对自我的愉悦接纳，是自信心的流露，如果一个人没有自恋心理，说明他是自我厌弃的，不仅会感到自卑，甚至会出现抑郁症状。但自恋心理如果过于严重，就会发展成自恋型人格障碍，这样的人会整天活在理想自我的幻影中，忽视周围人的感受，只在意自己的感受，最后发展成一种病态的自我依赖。

人类是一群具有智能的社会动物，人类的群居性特点意味着我们需要从外界得到关注。我们得到外界关注的前提就是先关注自己，建立自信心。这需要我们有适当的自恋心理，只有喜欢自己，自我感觉良好，我们才有勇气去接触外界。例如一个儿童开始注重自己的外在形象，每次出门前都会将自己打扮一番，直到对镜中自己的形象感到满意时，他才会主动进入社会群体中，这个时候他就已经出现了自恋心理，渐渐对自我表现出认可。

对自己感到骄傲是一种十分重要的自恋心理，如果一个人没有自我骄傲或者不能感受到骄傲所带来的愉悦和自信，那么他一定容易被一些消极情绪所困扰，他的心理健康程度远不如有适当自恋心理的人，因为这是一种自我认可的表现。我们每个人都需要一定自恋的表达，父母在养育孩子的过程中，应该允许或鼓励孩子的自恋表达，这样孩子的自尊心才能得到维护。

当儿童产生了适度的自恋心理后，他就会产生相应的自信心，这样他才能顺利地走出小家庭，进入社会群体中。由自恋而产生的自信心，可以帮助他在群体里获得尊重和重视，从而促进他与其他人建立良好的人际关系。一种良好的人际关系会促进一个人不断地表现自己，从而获得自我肯定，这样一来良性循环就产生了。

对于父母来说，担心孩子的学习、孩子的性格、孩子的行为是再正常不过的事情，因为这些都在一定程度上决定着孩子将来进入社会以后是否能生活得愉快。但真正决定一个人未来生活状态的是他的自我价值感。自我价值感的培养与适当的自恋心理相关，一个有自我价值感的人，才能更好地适应社会以及处理好人与人之间的关系。

适当的自恋心理除了能维持我们的心理健康外，还有以下几种益处：

1. 有利于成长。

每对父母可能都会有这样的感觉，他们的孩子在成长的某一阶段内会非常自恋、轻狂，好像全世界就属他最好。实际上，每个人在青春期时多少都会显得有些轻狂，毕竟老话说"人不轻狂枉少年"，之后随着年龄的增长，我们身上的轻狂会渐渐褪去，变得更加成熟、内敛。在青春期这段人生的特殊时期中，适当的自恋可以帮助一个人更好地成长，增强一个人处理危机的自信，从而脱离对父母的依赖，获得自立。

2. 减少焦虑和抑郁。

适当的自恋可以使一个人做到肯定自我、自尊自重，这样一来他就会有更高的自尊观念，他不会因外界的贬低而进行自我否定，更不会将评判自我价值的权力交到别人手上，这样他就无须通过获得他人的认可来建立自我价值感。一个有着稳定自我价值感的人，通常不会轻易感到焦虑和抑郁，这无疑会给自己减少许多压力。总之，适当的自恋是健康的，可以帮助我们减压，获得幸福感。

3. 适当的自恋心理可以使我们更好地爱自己、照顾自己。

有研究发现，健康的自恋者更热衷于健身，不会出现缺乏锻炼的现象。这个研究结果很好理解，一个人如果在意公众对自己的看法，同时他又有更好的自我价值感，那么他势必会在兼顾公众意见的同时，好好照顾自己的身体，去锻炼，去过健康的生活，这恰恰就是爱自己的表现。相反，如果一个人太过自恋，那么他就会做出忽视公众意见或过度强迫自己符合公众期待的行为，他很可能会为此损害自己的身体，例如过度锻炼、节食。

4. 有利于求职和工作。

有研究显示，同等资质的人去面试，自恋者比谦逊者更容易被录取。在面试这种场合中，进行自我肯定，表明自己的优点，十分有利于在竞争激烈的求职过程中脱颖而出，毕竟面试官只想了解你的长处到底是否适合公司所提供的职位。如果你一味地谦虚，不表明自己的优势，那么面试官就无法了解你是否适合该职位。这点关羽就做得十分成功。

和乔峰一样，关羽也属于自我陶醉型性格，这种性格使得关羽喜欢表现出自己英勇的一面。在《三国演义》中，每逢出现关羽上阵杀敌的场景时，他都会表现得极其自信，他的这种自信具有很强的感染力。例如温酒斩华雄一幕。东汉末年，权臣董卓随意废帝立帝、残暴不仁，袁绍、曹操等人组建军队共同讨伐董卓。前锋孙坚在进军汜水关时遇到了阻碍，守关大将华雄是一个武艺高强的将才，击退了孙坚的进攻。孙坚败退后，袁术、曹操相继派出潘凤等大将挑战华雄，却一一被华雄斩杀。

当时，关羽还并不出名，但他主动站了出来，请缨前去与华雄一战。曹操立刻命人温酒给关羽，这大约是将士出征前的惯例，但关羽没有按照惯例行事，他没有接过曹操手中的酒，而是说："酒且留下，我去去就来。"这一句话充分展现了关羽的自信，这份自我肯定令在场的所有人感到震惊，毕竟在华雄接连斩杀几员大将的情形下，人们都已被华雄摧毁了自信心。

不一会儿，关羽回来了，他手提华雄的头颅，并直接将头颅扔到了地上，此时那杯酒尚有余温。在温酒未冷却的极短时间内，关羽就斩杀了令袁术、曹操等人头疼的华雄。从那以后，温酒斩华雄的事迹令关羽名震诸侯。关羽的这份胸有成竹的自信心，就来源于他的自我陶醉型人格，也就是适当的自恋心理。

适当的自恋除了能使我们在求职中展现自己的自信、优势外，还会促使我们花时间整理自己的仪容。自恋者通常都很关注自己的外表，并且会花时间修饰自己。调查显示，那些重视自己外表的人更容易获得面试官的青睐。

5. 适当的自恋有助于我们建立稳定的人际关系。

一个自恋者，通常讲究自尊自爱，这意味着他不会向他人过度索取以满足自己的需求，事实上他会努力去满足自己的需求，不会过度依赖他人，也不会将自身的幸福感全部交托给对方。在一段关系中，他会努力经营双方的幸福感，这自然能帮助他建立更稳定的人际关系。

　　心理学家认为，健康的自恋者能进行自我肯定，不必靠别人的认可过活，能够进行自我欣赏，不会对他人产生过度依赖，这对他们人际关系的建立和维护十分有益。而过度的自恋，例如自恋型人格障碍者，他们总是太过以自我为中心，看不到他人的需求，通常难以维持健康的人际关系。

第七章

摆脱拖后腿的性格特征——性格重建

性格中的外倾性

曼儿是一个香港女孩，作为一名化妆师，曼儿对绘画很有兴趣。她在参加一次画展时遇见了画家阿森，当时曼儿正在认真观看阿森的画作，之后两人由相识到相恋。阿森患有先天性绝症，这注定了这对感情深厚的情侣无法长相厮守。阿森知道自己很快就要死去，无法继续陪伴自己深爱着的女友，但他也无法放下这段感情，只能在生命的最后一段时间里好好陪着曼儿。阿森死后，曼儿一直无法接受这个事实，她沉浸在无尽的悲伤和思念中，靠阿森留下的日记度日，甚至产生了轻生的念头。

曼儿在整理阿森遗物时，发现了一幅尚未完成的风景素描画，这是阿森临死前的作品，上面画着阿森儿时在青岛生活的记忆画面。曼儿觉得这是阿森生命的最后时光中脑海里一直浮现的画面，所以她决定带着对阿森的思念去青岛寻找阿森心中惦记的那片风景。等找到画中的风景后，曼儿决定在那里结束自己的生命，她相信阿森死后灵魂一定飞到了那里，她如果能在那里死去，就能永远和阿森在一起了。

在青岛，曼儿偶遇了邮递员小烈。小烈是一个热心而开朗的男孩，他喜欢画漫画，也很有绘画天分。在一次煤气泄漏事故中，小烈救下了差点死去的曼儿，从那以后两人就成了朋友。当小烈得知曼儿是来寻找画中的风景时，他主动提出帮助曼儿一起寻找。

他们两人一起在青岛的大街小巷中穿梭，一起骑着自行车在海滨大道上疾驰，阿森儿时生活的痕迹一点一点展现在曼儿眼前，这让曼儿觉得阿森与自己的距离越来越近。但曼儿没有发现小烈已经在不知不觉中对她产生了好感。他爱上了曼儿，但曼儿一直沉浸在男友去世的悲伤中，丝毫没有察觉到小烈对自己的爱意。

小烈会主动送曼儿回家，送手套给曼儿保暖，会学鸟叫逗曼儿笑，在小烈开朗性格的影响下，曼儿的心情不再像以前那样低沉，她开始变得快乐起来，享受着小烈对自己的关心。慢慢地，曼儿也爱上了小烈。当曼儿意识到自己对小烈产生了异样的情愫后，她开始逃避去寻找画中的风景，甚至不想找到画中的风景。当小烈告诉她，他知道画中的风景在哪里时，曼儿退却了，她觉得如果找到了那片风景，自己就没有理由再和小烈在一起了。

一天，曼儿看到隔壁的婆婆正在抄写《心经》，婆婆告诉曼儿，她的丈夫已经去世多年了，自从他死后，她每天都会为亡夫抄写一份《心经》以作纪念。曼儿被婆婆对待亡夫持之以恒的爱情感动了，她边哭边想，觉得自己实在是一个薄情的人，她对阿森的情义竟然这么快就消失了，她甚至觉得阿森就像她小时候的玩具熊一样，最初被异常珍视，等自己热情消退了，它就会被遗忘在角落里。想着想着，曼儿陷入了深深的自责中，她开始逃避小烈的爱意，好让自己从自责中解脱出来。

在小烈的带领下，曼儿来到了画中的风景处，但曼儿否认这是素描画中的地方，她说感觉不对。后来小烈向曼儿倾诉了自己对她的爱意，他承认自己嫉妒曼儿对阿森的感情，他希望曼儿能放下过去的这段感情，与他在一起。面对小烈如此直接的告白，曼儿还是拒绝了，她不想这么快就将阿森从自己的人生中抹去。小烈只能伤心地离开，他决定离开青岛。

就在两人选择逃避，决定各自离开时，曼儿隔壁的婆婆认出了画中的风景——灯瀛梨雪。原来，曼儿和小烈一直在寻找着的画中风景里的雪并非真正的雪，而是一夜春风梨花盛开的场景。这时，曼儿才幡然醒悟，原来她一直寻找的风景并不是阿森临终遗作中的景色，而是她自己心中爱情的归属地。在阿森去世的时候，曼儿本以为自己此生都不会再有爱情，她的爱情归属已经随着阿森的去世而消失，她决定来到画中风景的所在地，追随爱人而去。最后，曼儿再次来到了风景地，与小烈不期而遇。

阿森的死给曼儿造成了很大的打击，她每日沉浸在悲痛之中，将自己封闭起来，变成了一个孤独的人。一个人如果将自己封闭起来，不与外界交流，他性格中的外倾性就会消失或降低，那就意味着他无法获得实际的、精神上的支持。曼儿在阿森死后，几乎不参与任何社交活动，她性格中的外倾性已经消失，这使她陷入抑郁中。她因为阿森的死而悲伤、难过，又想重温与阿森在一起的美好时光，所以她整天看阿森的日记，看阿森记录下的他们之间曾经发生过的点点滴滴，就好像她还和阿森在一起，还能感受到昔日的温情。但这样的做法只会让她的自我更加封闭，让她性格中的外倾性一直沉睡，她只会越来越抑郁。

作为社会性动物，不论是性格内向的人还是性格外向的人，都需要他人给予自己心理上的支持，尤其是当一个人面对困难、创伤性事件时。曼儿在去青岛寻找画中风景时遇到了小烈，小烈是一个开朗的人，他的出现使得曼儿开始和外界产生交流。对于曼儿来说，小烈就是那个为她提供心理支持的人，这种支持使曼儿获得了走出阴影的勇气。而且和小烈这样一个开朗的人在一起，曼儿性格中的外倾性也会逐渐显著，她不再将自己封闭起来，她的抑郁症状也在渐渐消失。

外倾性是评估一个人性格特征的一个重要方面，如果一个人表现出了外倾性的正相关特征，例如好社交、活跃、健谈、开朗等，那么我们通常认为这个人是一个性格外向的人；如果一个人表现出了外倾性的反相关特征，例如谨慎、冷静、话少、不喜社交等，那么我们通常认为这个人是一个性格内向的人。

俗话说"三岁看大，七岁看老"，一个人的性格从他还是个孩子的时候就已经展现出来了。一个性格外向的儿童会渴望融入人群中，他会积极参加社交活动，并以此为乐，能够与外界保持一种互动关系，并享受在这种互动过程中感受到的快乐，当他来到一个相对陌生的环境中时，他会表现得健谈、友好、开朗，从而很快融入新环境中去。

性格外向的人十分擅长社交，他们能从他人那里获得丰富的精神能量，例如社会支持。当一个性格外向的人产生消极情绪时，他可以向朋友们倾诉，让朋友们安抚自己的情绪，这种心理上的支持有助于性格外向的人获得健康的身心、减轻压力。调查显示，一个人如果是孤独的，没有社会支持，那么他更容易患上抑郁症。

与性格外向的人不同，性格内向的人往往也会从小就表现出内向的性格特征，例如不会积极地探索外界，往往与外界保持一定的距离，只有在足够了解、熟悉外界的环境时才会小心翼翼地做出试探性的行动，并且随时准备着缩回自己熟悉的内心世界中。

如果说性格外向的人通过与外界打交道、参加社交活动来享受快乐、释放压力和消极情绪，那么性格内向的人则是通过探索内心世界而获得自我满足，对于他们来说，与外界打交道、参加社交活动，只会导致他们精神紧张。

而无论内向的性格还是外向的性格，如果走了极端，都会给自己的人生带来消极影响。

如果一个人太过外向，根本不在乎自己的内心世界，也不进行自我探索，那么他就会给人一种很吵闹、很浮夸的感觉，他会因刻意吸引他人的注意而丧失自我，乃至于完全无法接受独处，一旦独处就会觉得难受、无聊透顶。在获得社会支持上，性格外向的人的确会有很多朋友，但很多都是泛泛之交，根本无法为他提供心理上的支持。

在极端情况下，性格外向的人还会出现许多心理问题，例如发展成自恋型人格障碍或躁郁症。自恋型人格障碍者总是盲目地参加社交活动，渴望吸引所有人的注意。躁郁症患者在症状轻微时通常是社交达人，他们情绪高涨，显得十分热情且有趣，能轻易得到他人的关注和喜爱。但一旦这种高度兴奋的状态消失，躁郁症患者就会陷入低沉的抑郁之中，例如有的人明明在人群中那么亮眼、快乐，但在聚会结束，需要独自一人的时候，他就会陷入抑郁之中。

性格内向的人虽不如性格外向的人那样受人欢迎，但他们也有属于自己的性格优势，例如有几个可靠、亲密的朋友；深思熟虑，更利于做出正确的决定；不善言谈的他或许是一个很好的倾听者；等等。

但如果一个人太过内向了，他就需要提高自己性格中的外倾性，否则容易将自己包裹得过于严密，以至于将自己完全封闭起来，更容易陷入抑郁情绪中。例如，电影《恋之风景》中的曼儿在将自己完全封闭起来的同时，也就相当于切断了自己疗伤的途径，这样她只会沉浸在极度的忧伤之中，只能到去世恋人的日记中获得少许的安慰，最终陷入抑郁，乃至产生了轻生的念头。

在极端情况下，性格内向的人也会像性格外向的人一样出现许多心理问题，常见的有社交焦虑障碍，他们会害怕人群，更别提在人群面前说话，只要和陌生人或不熟悉的人面对面交流，他们就会十分焦虑。他们会担心对方发现自己的紧张、焦虑，害怕别人对自己的性格指指点点，可越是这样他们就越是害怕社交。有的性格内向的人还会发展成极端的回避型人格障碍，出现自尊低下、无法忍受他人拒绝、社交技能低下的症状。因此内向性格的人如果发现自己太过封闭，那么就要适当地提高自己性格中的外倾性，避免出现上述心理问题，影响自己的生活质量。

宜人性与社会亲和力

小刘是一个家庭主妇，她在照顾家庭上可谓尽心尽力——平时带孩子十分用心，对婆婆、丈夫非常温柔，做家务很勤快，将家里打理得井井有条。但小刘的丈夫却是一个不合格的丈夫，他有酗酒的毛病，隔三岔五就要和一群狐朋狗友出去喝酒。每次喝完酒回到家后，他就开始找小刘的麻烦，轻则将小刘臭骂一顿，重则将小刘大打一顿，小刘身上经常被丈夫打得青一块紫一块。有一次，小刘的丈夫打她打得特别厉害，她受了很严重的伤，流了许多血，还破了相。

小刘从未将丈夫酗酒家暴的事情告诉娘家人，她每次都是默默忍受，实在忍不了了，就和丈夫吵几句，但丈夫就是改不了酗酒后打人的毛病。小刘之所以没有跑到娘家诉苦，就是因为她是家中最大的女儿，从小十分懂事、老实，最让父母省心，她不想让父母担心自己的婚姻生活。有时候，小刘也想离婚，可每当这时她就会想起自己 7 岁的儿子，觉得孩子不能没有一个完整的家，想到这里，小刘就会打消离婚的念头，选择勉勉强强维持着目前这种生活。

有一天，丈夫像往常一样和朋友外出喝酒，直到深夜时分，丈夫才喝得醉醺醺地回家。他走到卧室后，直接将熟睡中的小刘一把拉起，然后像往常一样对小刘大打出手，小刘只能倒在地上忍受。

小刘在默默忍受中看到了地上的木凳，不知怎么的，她突然顺手抓起木凳，一下子狠狠地朝着丈夫的头部砸去。丈夫的头部被砸出了一条大口子，鲜血从伤口中奔涌而出，不久之后，小刘的丈夫因失血过多当场死亡。这个案子在当时引起了很大的争议，许多人都觉得小刘不算故意杀人，毕竟她忍受了丈夫那么多年。最后法官认为小刘的行为属于正当防卫。

小刘是街坊四邻尽人皆知的老实人，为人本本分分，对谁都很和善。在面对丈夫家暴的问题上，小刘也是极力忍让，沉默应对丈夫的暴行，希望能给孩子一个完整的家。但她的退让换来的是更严重的暴行，于是她爆发了。

在许多人的眼中，老实人通常有很高的容忍度，不会轻易发脾气，但我们也知道不要去招惹老实人，老实人虽然可以一退再退，但当他的忍耐积累到某个临界点后很可能会爆发，爆发的后果往往很严重。

老实人的性格中有一个十分明显的特点，即带有很高的宜人性。宜人性是一个人性格中的一个方面，宜人性代表了一个人的社会亲和力。一个宜人性高的人通常会表现出乐于助人、合作、友好等特点，这使得他能和睦地与他人相处。

在人际交往中，宜人性高的人通常很受人们欢迎，在别人眼里，他就是一个充满同情心、乐于与人合作、慷慨大度的人。这样一个善良且值得信赖的人，几乎不会与人相处不好，且不容易被他人拒绝。

一个宜人性高的人，一般具有团队精神，可以帮助团队获得成功，因而这种性格特点可以给他的个人工作提供助力。而且宜人性高的人适应环境的能力也很强。

一个宜人性高的人通常拥有良好的人际关系，这有助于他获得他人情感的支持，减少焦虑情绪，促进身心健康。

在获得个人幸福感方面，宜人性高的人也具有一定的优势，他们通常能顺利地体会到幸福感，因为他们通常能很好地控制自己的情绪，选择让消极情绪尽快离开自己，避免被消极情绪长期影响自己的生活。这样一来，他们就能多一些快乐。

但宜人性高也有不好的一面，这表现在他们往往不懂得如何拒绝别人，会通过逃避的方式避免种种冲突、矛盾。在面对冲突和矛盾时，宜人性高的人第一反应通常是逃避，哪怕是让自己受委屈也要避免矛盾的出现。例如一个宜人性高的人明明不想出去喝酒，可架不住朋友的一再邀请，因为他不懂得如何拒绝，他甚至会将拒绝视为制造矛盾。

在面对别人所犯的错误，尤其是这个错误伤害了自己时，宜人性高的人通常不会动怒，他会优先考虑对方，或相关他人的感受，从而忽视对方的错误。例如丈夫的家暴令小刘身心深受伤害，但她会因为考虑到儿子而忍耐，选择原谅丈夫。

像小刘这样的老实人，她对谁都很和善，让别人觉得很舒服，因为她性格中的高宜人性决定了她不会随意发表可能会伤害别人的看法，更不会主动做出伤害他人的行为。她甚至不会找娘家人抱怨、诉苦，她觉得只要忍一忍就好了。

这种不擅长向别人表达自己的感受、不满的性格特点其实十分危险，不仅会伤害自己，也容易让事情失控。小刘所遭受的家暴已经让她难以忍受，但她因为孩子而选择继续忍耐，不向任何人表达自己的感受，这样一来她就丧失了许多拯救自己的机会，而使自己在痛苦中积蓄怒火。终于，小刘忍耐力的临界点在某一天悄然而至，她的怒火像一座常年沉睡的火山一样，一经唤醒便释放出了强大的破坏力，从而造成了毁灭性的后果。

如果你发现自己性格中的宜人性已经令自己不懂得拒绝时，你就要适时地做出改变了，警惕自己为什么不懂得拒绝。通常有以下几个原因：

1. 爱面子。

不懂得拒绝的人通常过分在意别人对自己的看法，也就是维护自己所谓的体面，生怕自己的拒绝会有损于自己的面子。这样一来，他就会为了维护自己的面子而答应对方的很多无礼要求，即便这个要求很为难自己。事实上，在为人处世中太过强调面子，只会自讨苦吃。

2. 太过在意别人的感受。

在人际交往中，在意别人的感受有助于双方关系的进展，没有人愿意和一个丝毫不在意自己感受的人在一起。但如果太过在意别人的感受，每当别人向自己求助时，不是首先想想自己的感受，而是去想对方被自己拒绝后的痛苦感受，那么你就不容易拒绝对方了，而是已经将对方的感受凌驾于自己的感受之上。

3. 自卑感。

一个自卑的人往往会被自卑感束缚住，十分在意别人的看法。他的自我肯定完全取决于别人的评价，需要别人的认同来体现自我价值。这种自卑感只会使他极力满足对方的需求，从而获得对方的好感与重视。但一个不懂得拒绝的人通常不会被人珍惜，也不会获得对方的尊重，例如上述案例中的小刘，她是大家眼中的好女人，但她的丈夫却总是对她施以暴力，这也是因为小刘不懂得维护自己的权利。

把握好尽责性的尺度

　　电视剧《都挺好》主要讲述了苏家的故事。苏母是一个重男轻女的母亲，在她死后，原本平静的苏家沉积的矛盾一触即发。在苏母的葬礼上，苏明成（苏家二子）与苏明玉（苏家三女）这对从小就不和的兄妹大打出手，最后不欢而散，但这只是矛盾的开始。

　　作为丈夫和父亲，苏大强是一个自私懦弱的人，他从未插手过三个孩子的教育，明知女儿在家中受尽屈辱，他也从不会站出来为女儿说句话。当时苏明玉学习成绩很好，有冲刺清华大学的能力，但苏母认为女孩子不必上那么好的学校，于是便擅自决定让苏明玉去上免学费的师范学校。看到女儿放弃自己理想的学校那么痛苦，苏大强也从没有为女儿说一句话，而是默许妻子对女儿所做的一切。但在妻子去世后，苏大强决定将自己多年受到的压抑、不甘、对妻子的不满都发泄到儿女身上，让儿女满足自己的一切不合理要求。

　　苏母死后，苏家三兄妹开始商量苏大强的养老问题。在正常家庭中，子女都要负责父母的养老问题，但在苏家这个充满了巨大矛盾的家庭，养老却成了一个激发更大矛盾的问题。

　　苏明玉是苏大强三个孩子中事业最成功、赚钱最多的一个，按照苏大强享乐的性格，他应该最愿意跟着苏明玉生活，而且苏明玉也提出她会雇个保姆照顾苏大强。但苏大强不愿意跟着女儿生活，因为当初他和妻子发过誓，只将女儿养到 18 岁，将来不用女儿养老。而且苏明玉和苏母一样性格都很强势，她不会容忍苏大强无理取闹，苏大强自然不愿意跟着她。苏大强最愿意和长子苏明哲生活在一起，因为苏明哲会尽可能地满足他所提出的任何要求。

苏明成是个"妈宝男"，他和父亲苏大强一样是一个性格懦弱且没有责任心的人。苏明成从小倚仗母亲的宠爱，好吃懒做，欺负妹妹苏明玉。长大参加工作后，苏明成也一直在啃老，没钱了就从家里借钱花，说是借钱，苏明成却从来没有还过，当然宠爱他的母亲也不会向他讨要。不过他的父亲苏大强有一个爱记账的习惯，苏家的每一笔开销他都清清楚楚地记在一个本子上，苏明成赖都赖不掉。据苏大强的账本来看，苏明成前前后后从家里拿走了 20 多万。在处理母亲的身后事上，从小占据苏家巨大资源的两个儿子没有出一分钱，不论墓地还是葬礼全部是苏明玉买单，对此苏明成不仅不感激，反而觉得理应由苏明玉出这份钱，因为她挣得最多，他甚至还说："出点臭钱怎么了！"

在苏明成的成长过程中，他深知自己没有哥哥、妹妹会读书，只能通过讨好母亲来获得存在感，而苏母恰恰很吃这一套。对于苏母来说，长子优异的学习成绩已经给她长足了脸面，所以她对次子的要求并不高，而且苏明成也会讨好母亲，因此她溺爱纵容苏明成，硬生生将苏明成培养成了一个啃老、懦弱无用的人。在被苏明哲、苏明玉指责啃老时，苏明成不仅不承认，反而将责任都推卸给苏母，说一切都是苏母的溺爱造成的。苏母曾对他说，大哥在国外，苏明玉又不回家，只有他陪着她。苏明成甚至说自己啃老是为了完成苏母的心愿。

后来，苏明成和苏明玉又发生了一次冲突，苏明成将苏明玉暴打了一顿，导致苏明玉住院，苏明玉直接报警将他送进了监狱。苏明成的老婆朱丽开始为此四处奔波，希望苏明玉能撤诉放过苏明成，但苏明玉恨极了苏明成，她从小被苏明成欺负，这次苏明成将她打得十分严重，她不肯轻易放过苏明成。朱丽无奈之下想要苏大强去调解。

自从女儿苏明玉被打住院之后，苏大强就没想过去医院看看女儿，他想到的只是自己要远离这些是非，为此他不断催促大儿子苏明哲赶紧给自己买房。最终苏大强在儿媳朱丽的强力劝说和威胁下，勉勉强强地去医院看望苏明玉。

面对父亲的到来，苏明玉开始心软，她渴望父亲能在这个时候跟自己说几句暖心的话。她看起来很强硬，内心却十分渴望亲人的关心。苏大强在说了几句安慰苏明玉的话后就开始为苏明成求情，让苏明玉放过苏明成。苏明玉的火一下子就蹿上来了，她将苏大强赶出病房，还将苏大强带来的水果篮扔在了地上。苏大强离开前还不忘扔下一句最伤人的话："你的性格实在太像你妈了！"苏明玉此生最恨的人就是她那偏心、重男轻女的母亲，也最厌恶别人说她像她母亲。

尽责性是评估一个人性格的一个十分重要的方面，与目标取向行为上的组织性、持久性和动力性的程度水平有关。尽责性正相关的性格特征有：有条理、可靠、勤奋、自律、有毅力等。反相关的性格特征有：无目标、懦弱、不可靠等。尽责性常与一个人的责任心有关，一个有责任心的人在日常生活与工作中通常有很多优势。

一个有责任心的人，是一个值得信赖的人，他做事有条理、考虑周到，因此他获得成功的可能性更大。在工作上，负责任的人更容易找到工作，也不会轻易失去工作。在人际关系方面，责任心可以帮助我们维持良好的人际关系，尤其有利于亲密关系的维持。研究显示，责任心越强的人，离婚的概率就越低。苏大强和苏明成显然是没有责任心的人，所以他们在工作上得过且过，尤其是苏明成，他将自己一事无成的原因全部推卸给苏母，觉得就是因为自己需要经常花时间陪苏母，才没有时间去应酬和工作。苏家本可以是一个幸福美满的家庭，之所以变得这样矛盾重重，很大一部分原因是苏大强一直在逃避做父亲的责任，将所有责任都推卸给妻子。

责任心可以帮助我们过上更优质的生活，那么责任心过度是否也好呢？苏家长子苏明哲的例子告诉我们，责任心过度并不是一件好事。

苏明哲是苏家另一个重要人物，他常年在美国生活，苏家的事他基本上不会管。母亲去世后，苏明哲觉得他有责任为父亲养老，将他们兄妹三人团结在一起，于是开始插手家里的事情，但事与愿违，他根本没有这样的能力。每当家里出现矛盾时，他就会站出来调解，希望一家人能放下恩怨，但苏明玉和苏明成根本不会听他的，这时候苏明哲就会说："我真是太失望了！"

母亲去世之后，苏明哲回国参加母亲的葬礼，他离开前答应父亲会将父亲接到美国生活，但他根本没有考虑妻子吴非是否同意。回到美国后，苏明哲才知道自己被公司辞退了，他一下子变成了一个无业游民，一家三口只能靠着吴非的收入生活。此时的苏明哲已经没有能力兑现将父亲接到美国生活的承诺，但他根本不考虑家里的生活条件，坚持要把父亲接来，为此吴非没少和他争吵。

在吴非的劝说下，苏明哲终于看清现实，他根本没有能力将父亲接到美国居住，于是他暂时放下了自己过度的责任心。他给苏明成打电话，说自己暂时不能将父亲接来美国了，之后他就将手机关机了。站在一旁的吴非根本无法理解苏明哲的做法，她觉得苏明哲应该将自己失业的事情明确告诉苏明成，只要他说出实情，苏明成一定能够谅解，可死要面子的苏明哲就是不提。

此时苏明玉因到美国出差，就顺道去看看大哥、嫂子和侄女小咪。此时苏明哲还一直在隐瞒自己失业的事情，尴尬的是他们在饭店聚餐时被一名同事揭穿，这时苏明玉才得知大哥已经失业了。这时苏明哲敏感的自尊心开始疯狂作祟，他觉得混得最好的苏明玉是专程来看自己的笑话的。

最后，苏明玉暗中拜托朋友给苏明哲找了一份高薪的工作，但需要苏明哲长期到上海出差，从此以后他只能上海、美国两头跑。苏明哲为了生活，自然接受了这份工作。再一次回国时，苏明哲立刻将全家人召集在一家饭店里，开始以大哥的身份召开家庭会议。饭桌上，苏明哲过度的责任心再次被激发，他将给父亲买新房的责任全都揽在自己身上，还夸下海口说要买一套三室一厅的房子。提到收入时，他说自己的年收入不到 20 万美元，事实上他的年收入是 12 万美元。在此之前，苏明哲曾和吴非商量过给父亲买房的事情，当时他们商量的是买一套两室一厅的房子，而且前提是将老房子卖掉，可苏明哲将这一切都抛之脑后，甚至连卖老房子的事情也只字未提。

对于苏明哲来说，他赚钱的能力根本撑不起他的面子和对父亲过度的责任心，他总是将所有责任都揽在自己身上，根本不考虑自己的能力是否允许，后来他的妻子吴非不得不向苏明玉求助。苏明玉将大哥约出来告诉他，他其实根本没有必要去满足父亲的一切无理要求，如果他非要给父亲买三室一厅的房子，还给父亲雇一个保姆，那么他就必须得委屈自己的女儿小咪。苏明玉还告诉他，苏家所有的人都有养活自己的能力，父亲苏大强虽然已经年老，但他的身体很健康，照顾自己没有问题，而且他自己也有退休金，母亲活着的时候，所有的家务活都是父亲一个人做，怎么母亲去世了，父亲一下子就变成了一个什么都不会做，反而要保姆照顾的人了呢？

苏明哲过度的责任心并未给他的工作和生活带来帮助，反而平添了许多麻烦。一个有着过度责任心的人，往往死板而固执，在人际交往中经常与人发生冲突，给人一种不随和又无趣的感觉。苏明哲在父亲养老的问题上，明明可以和妻子吴非商量，这也是需要夫妻二人一同商量的事情，但苏明哲偏要一人做主，在面对妻子提出的疑问时，他也坚持自己的主张，根本不考虑妻子提出建议的合理性。此外，责任心过强的人通常有极端的完美主义倾向，而且喜欢控制他人。

苏明哲会产生这样过度的责任心与他的成长历程密切相关。苏明哲从小就是全家人的骄傲，他学习成绩优异，在从清华大学毕业后，成功考上名校斯坦福大学。这使他在家里的地位很高，苏母将他作为天之骄子一样供着，他自然会觉得自己是最优秀的人。因此在面对失业的问题时，他不认为这是自己的问题，还总觉得自己毕竟是斯坦福大学的高才生，总会有一个可以让自己施展抱负的地方。失业的苏明哲在找工作时就犯了极端完美主义的错误，他总想着要找一份让自己满意、体面、收入不错的工作，却从未考虑过现实。而且苏明哲一直企图控制苏明成和苏明玉，希望他们能听自己的话，一旦他们不听话，苏明哲就会说："你真是太让我失望了。"

有责任心固然是好事，但在生活中我们应该时刻清楚自己的定位，要对自己的能力有自知之明，不要过度地揽事，也不要过度地要求他人，否则这种过度的责任心就会给我们带来很多麻烦，降低我们的生活质量。

情绪越稳定，越能掌控情绪

佳佳在一家自媒体平台工作，是一名商务专员，主要的工作是为公司拉广告、对接客户。佳佳的性格开朗活泼、能说会道，在工作了一段时间后就掌握了许多谈判技巧，每次和客户谈判都能以最宽松的条件谈到最高的报价。她也以出色的工作能力深受老板的器重。

但佳佳有一个明显的性格缺陷，即情绪不稳定，尤其是当她面临巨大的压力时，她的情绪很容易失控。有时候，佳佳在和客户谈业务的时候就无法控制自己的情绪，一旦谈判过程有什么不顺利的地方，或者是遭到了客户的刁难，佳佳就会忍不住发火，将整个谈判局面弄得很是尴尬。

有一次，老板派给佳佳一个对接新客户的任务，这个客户想要投放一个广告。客户在和佳佳谈判的时候，表达出了投放广告的意图，却一直迟疑不决，想要多了解一下公司的情况。佳佳看出了客户的意图，她对客户所提出的问题一一耐心解答，还顺带好好夸赞了一下自家公司。客户对佳佳的介绍很满意，于是决定在该平台投放广告。

就在双方准备签合同的时候，客户接到了一个电话，之后客户对佳佳说："不好意思，我们计划有变，先不在你们家投放广告了，希望下次能有机会合作。"佳佳一下子就火了，她在这里耗费了这么多时间和精力，耐心为客户介绍自家公司的业务，客户明明已经答应签合同了，却临时变卦。佳佳觉得自己被戏弄了，她忍不住对客户说了一句："就知道你们公司这么不靠谱。"佳佳的这种态度让新客户又惊又怒，他发誓不再和这家公司合作。

没过多久，老板接到了一个老客户的来电。老客户告诉老板，之前的那个新客户是他的朋友，是他介绍来的，他一直和这家公司合作，觉得效果不错，于是就把它推荐给了朋友。那个新客户的确是带着诚心来合作的，而且他对该公司也很满意，之所以没有签合同，是因为总公司那边计划有变，他只能暂时将计划搁置下来，他心想就算这次双方没有合作，下一次他也一定会主动来合作。但没有想到，对接业务的商务专员却对他发起了脾气，这让他十分恼火，于是他找到介绍自己过去的朋友，并将此事告诉了他。

最后老板亲自出马，主动向老客户道歉，将老客户的情绪安抚好，然后又给新客户打电话，向对方道歉，还承诺将来合作时一定会给对方打折。新客户的火气慢慢消了，并表示下次会选择合作。

佳佳在得知这一切后才知道自己闯下了大祸，她向老板表示，都是自己的错，自己当时没有控制住情绪，还表示下次一定会注意控制自己的情绪。老板觉得佳佳是年轻人，火气大，而且她工作能力强，只是一时没有控制住情绪而得罪了客户，这也能体谅，于是就告诉佳佳下不为例。

这次的失误让佳佳十分悔恨，她告诉自己类似的事情一定不能再次出现，可她根本无法控制自己的情绪，每次遇到不顺心的事情时，她的情绪就会变得格外不稳定，好像随时都会发火，她还是经常因为无法控制情绪而得罪客户。最严重的一次，佳佳负责带人外出拍摄广告。到了拍摄地点时，佳佳发现场地不达标，她的火一下子就蹿了上来，她将摄影师痛骂了一顿，还将客户那边的负责人也骂了一遍。骂完人后佳佳的情绪才稳定下来，她觉得没办法拍摄下去了，于是就准备走人，临走前还说了一句：

"还拍什么拍，不拍了。"

老板知道这件事后立刻将佳佳叫到了办公室。佳佳告诉老板，事后她也很后悔，希望老板再原谅她一次，她承诺自己以后一定会好好控制住自己的脾气，不会再随便发火。可老板根本不相信她了，他觉得佳佳就是这样一个情绪不稳定的人。老板告诉佳佳，她的性格根本不适合做这份工作，他需要一个能将脾气压下来，有控制自己情绪的能力的员工。老板还告诉佳佳，发脾气是每个人的本能，谁都会，但真正有本事的人会控制自己的脾气，先解决问题。

情绪稳定性是我们每个人性格中的重要组成部分。情绪稳定性差的人，性格暴躁、情绪化、容易生气，他们在处理事情和与人相处时，很容易发脾气和钻牛角尖。在面对困难和挫折时，情绪稳定性差的人不懂得如何应对挫折，他们只会坐立不安、焦虑不已，然后情绪失控，而顾不上先去解决问题。

情绪稳定性高的人能控制好自己的情绪，有能力让自己的情绪保持稳定，在面对困难和压力时，他们不会先发脾气，不会被负面情绪所淹没，而是先想着如何解决问题。在工作中，情绪稳定性高的人通常很受欢迎，因为和他们相处会更舒心、自在。一个人如果无法控制自己的情绪，那么不论他多么聪明、多么有能力，也不会令人放心，他不稳定的情绪极有可能将自己所有的工作成绩毁于一旦。上述案例中的佳佳就是一个情绪不稳定的典型，她的工作能力很强，公司近一半的业务都是她谈下来的，但她闯的祸也不少，因为发脾气得罪了不少客户。

一个人的情绪越稳定，他就越能掌控自己的情绪，而掌握情绪的能力常常决定着一个人是否能在工作上取得成功、在与人相处中获得幸福，还决定着一个人的健康状况。

情绪稳定的人，通常给人一种成熟、稳重、值得依靠的感觉。他不会莫名其妙地将自己的负面情绪传染给周围的人，在面对困难、危急情况时，总是能保持冷静，找到解决问题的办法。

在日常情境中，情绪稳定性的作用可能体现不出来。例如佳佳虽然是一个情绪稳定性差的人，但她平常的工作业绩也不错，只是她应对突发情况的能力很差。只有能控制自己情绪的人，在面对危急情况时才能在保证自己情绪稳定的前提下，腾出精力去解决问题。像佳佳，她在面对客户突然决定不签合同的情况下，她的所有精力都放在了处理不稳定的情绪上，根本无暇解决问题。

美国社会心理学家费斯汀格曾提出过一个著名的"费斯汀格法则"：生活中的10%是由发生在你身上的事情组成的，另外的90%则由你对所发生的事情做何反应而决定。对待同样一件事情，不同的人有不同的反应、不同的处理方式。情绪稳定性差的人会因内心受挫而大发脾气，陷入自我否定或对对方的不满中，完全丧失控制自己情绪的能力，但这样只能将坏事变得更坏，根本无法解决问题。而对于情绪稳定性高的人来说，坏事已经出现了，他所能做的只能是让自己尽量平静下来，变得和平时一样，尽量去弥补损失，让坏事变得不那么坏。

2017年6月1日上午，湖北省公安厅机场公安局航站楼派出所接到报警，一名张姓的女士在机场掌掴工作人员，还大闹天河国际机场值机柜台，引来了许多人围观。张女士是武汉某名牌大学的在读博士，在当天上午9点49分和家人来到机场，想要乘坐由武汉飞往巴黎的AF139次航班，但该航班已经在9点35分停止办理登机了。张女士执意要乘坐这趟航班，还声称自己只是迟到了几分钟而已。

在多次沟通无果后，张女士突然冲进柜台，狠狠地打了工作人员一巴掌，当时工作人员都被打蒙了，捂住脸愣在那里，可张女士并未停手，而是朝着工作人员的另一侧脸又打了一巴掌。周围的工作人员发现这里的情况后立刻前来阻止张女士，但张女士仍旧拿手指着工作人员辱骂。最后张女士被警方带走，被依法处以行政拘留 10 日。

张女士显然是一个不懂得控制自己情绪的人，她在执意乘坐该航班的时候说自己要出国参加重要会议，既然是重要的会议，她就应该提前来到机场准备。未能及时赶上，可以说是她自己的失误。每个乘客错过了航班都会懊恼、生气，但有的人能控制住自己的情绪，另想其他解决办法；张女士却情绪失控，将错过航班的过错推给了工作人员，将这件事变得更加严重，不仅给工作人员带来了伤害，还让自己被行政拘留。

一个人如果无法控制自己的情绪，一旦遇到一点儿不顺心的事情就情绪崩溃，就只能被情绪牵着鼻子走，最后变成情绪的奴隶，将一点儿困难闹成十分糟糕的局面。例如张女士本可以改乘其他航班，或者转机，但她肆意发泄自己的情绪，最后被行政拘留，她口中的重要会议自然也参加不成了。她让自己被愤怒的情绪旋涡给困住了。

一个情绪不稳定的人想要控制自己的情绪就必须学会心理暗示，学着和自己的情绪相处，每当面临困难、情绪崩溃时，他就要暗示自己，先平静下来，像一个强者一样镇定自若。即使自己根本无法改变现状，也不要对自己进行消极的暗示，要相信自己总会迈过这道坎。只有控制住了自己的情绪，才能让自己的人生更顺畅、生活更轻松，否则只能被情绪困扰，一辈子也没有机会掌控自己的命运。